中等职业教育规划教材

车工实训项目式教程

董光宗　魏　健　主　编
刘春光　刘贞芹　副主编

中国铁道出版社有限公司
CHINA RAILWAY PUBLISHING HOUSE CO., LTD.

内 容 简 介

本书为机械和数控类专业的基础训练教材，分为基础技术篇、创新创意篇和工艺卡片篇三部分，重点培养学生的操作技能，提高学生解决实际问题的能力。基础理论以“实用、够用”为原则，将车工技能与知识讲授融为一体。针对中职学生特点，在编写过程中力求技能讲解和具体操作步骤做到“简而最简、细而又细”，部分技能操作过程辅助多媒体材料，使学生易懂、易用。

本书可作为中等职业教育机械类专业机床车削加工技术或相关课程入门教材，也可供相关人员参考和岗位培训使用。

图书在版编目(CIP)数据

车工实训项目式教程/董光宗，魏健主编．—北京：中国铁道出版社有限公司，2019.4
中等职业教育规划教材
ISBN 978-7-113-25658-6

Ⅰ.①车… Ⅱ.①董… ②魏… Ⅲ.①车削-中等专业学校-教材 Ⅳ.①TG510.6

中国版本图书馆 CIP 数据核字(2019)第 053081 号

书　　名：车工实训项目式教程
作　　者：董光宗　魏　健　主编

策　　划：汪　敏　李　彤　　读者热线：(010)63550836
责任编辑：何红艳　钱　鹏
封面设计：付　巍
封面制作：刘　颖
责任校对：张玉华
责任印制：郭向伟

出版发行：中国铁道出版社有限公司(100054，北京市西城区右安门西街 8 号)
网　　址：http://www.tdpress.com/51eds/
印　　刷：北京虎彩文化传播有限公司
版　　次：2019 年 4 月第 1 版　2019 年 4 月第 1 次印刷
开　　本：787 mm×1 092 mm　1/16　印张：6.75　字数：148 千
书　　号：ISBN 978-7-113-25658-6
定　　价：22.00 元

版权所有　侵权必究

凡购买铁道版图书，如有印制质量问题，请与本社教材图书营销部联系调换。电话：(010)63550836
打击盗版举报电话：(010)63549504

前 言

PREFACE

机床是指制造机器或工件的机器,其在现代化的建设中起着重大作用。车床是主要用车刀对旋转的工件进行车削加工的机床。在车床上还可用钻头、扩孔钻、铰刀、丝锥、板牙和滚花等工具进行相应的加工。车床,被认为是所有机床的“工作母机”,是机械制造和修配工厂中使用最广的一类机床。因此车工实训是职业教育中培养学生技能的一项重要内容,它为学生今后掌握更多更先进的技能打下坚实的基础。

本书是机械和数控类专业重要的基础训练课程教材,主要面向中等专业学校机械类专业学生,可作为中等职业教育机床车削加工技术入门教材。针对中等专业学校学生的实际水平,在编写过程中力求技能讲解简单化、精细化,具体操作步骤力求做到“简而最简、细而又细”,部分技能操作过程辅助多媒体材料,使学生易懂、易用。本书重点培养学生的操作技能,提高学生解决实际问题的能力。基础理论以“实用、够用”为原则,将车工技能与知识讲授融为一体。

本书采用项目式教学,全书分为三部分,包含基础技术篇、创新创意篇和工艺卡片篇。基础技术篇主要以基本的车床加工技术为主,将知识点化繁为简,以项目的形式呈现,操作步骤辅以插图及多媒体材料简单易学;创新创意篇选取了有关生活类的相关工艺作品,将平时所学的操作技术应用到创意作品的加工之中,激发学生的学习兴趣,从而达到掌握技术的目的;工艺卡片篇选择的工艺卡片形式主要来自校企合作的相关企业,使学生能提前接触相关生产资料,为学生的实习就业打下基础。附录作为全书的辅助内容主要包括相关机械标准和评分标准两部分。机械标准主要选取了本书中用到的相关机械知识,便于学生理解和掌握;评分标准根据学生的实际掌握情况,结合中职学生的特点,为其量身定做。在教学过程中做到有的放矢,让学生养成良好的工作习惯,从而更好地掌握相关知识。

课程建议学时为100学时(每学时45分钟),具体的学时分配如下:

所需学时	
(一)基础技术篇	60
(二)创新创意篇	40
(三)工艺卡片篇	—

本书是青岛市城阳区职教中心学校与青岛市青特集团有限公司共同开发的现代学徒制培训教材，部分内容将企业有关的工作规程及生产产品融入其中。在编写中，青特集团部分专家及一线工人积极参与，共同研讨。本书由青岛市城阳区职教中心学校的董光宗、魏健任主编。青特集团有限公司高级工程师刘春光、城阳区职教中心学校刘贞芹任副主编。具体分工如下：董光宗负责教材的整体框架设计及基础技术篇项目九～项目十四的编写。魏健负责基础技术篇项目一～项目八和创新创意篇的编写。刘贞芹负责工艺卡片篇的编写及统稿工作。刘春光等负责基础技术篇中相关工艺的制订以及附录部分的制作等。参编教师是数控实训、车工实训等专业课的一线教师，有多年的教学经验，多次获省市级教科研奖项，辅导学生参加国家、省、市级技能大赛并取得优异的成绩。本书的编写还吸取了企业专家的想法建议，体现了校企合作的优势。

由于时间仓促，编写人员的水平有限，书中难免存在疏漏及不足之处，欢迎广大读者批评指正。

编　者

2018年12月

目　录

CONTENTS

(一)基础技术篇

(二)创新创意篇

(三)工艺卡片篇

（一）

本篇内容共包含十四个项目，主要介绍普通车床的基本知识。通过本篇，使学生从零基础开始，从实训准备、规章制度、工作流程、安全文明生产等知识学起，循序渐进地学习有关车床切削的理论知识，最终熟练掌握车床切削常用的几项基本操作技术。

项目一

车削加工基础知识

项目目标

1. 掌握有关车削运动相关知识,掌握有关切削用量知识,能熟练运用公式对切削用量进行计算。

2. 掌握有关安全生产知识及相关规章制度。掌握有关文明生产知识。

项目描述

根据要求完成以下知识点的学习:学习车削运动的分类及切削用量的各要素知识;根据所学公式熟练转换各切削用量参数;学习安全生产规章制度细则及文明生产知识。

相关知识

1. 车削运动

车床的切削运动主要指工件的旋转运动和车刀的直线运动。车刀的直线运动又称进给运动,进给运动分为纵向进给运动和横向进给运动。

主运动——车削时形成切削速度的运动称为主运动,工件的旋转就是主运动。

进给运动——使工件上多余材料不断被车去的运动称为进给运动。车外圆是纵向进给运动,车端面、车槽、切断是横向进给运动。

2. 车削时工件上形成的表面

车削时工件上有三个不断变化的表面,如图 1-1-1 所示。

已加工表面——工件上经刀具切削后产生的表面。

过渡表面——工件上由切削刃形成的那部分表面。

待加工表面——工件上有待切除的表面。

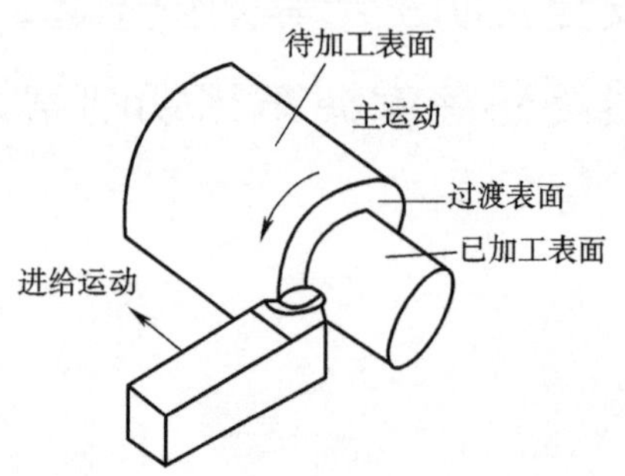

图 1-1-1　车削运动和工件上的表面

3. 切削用量

切削用量(又称切削三要素)是切削时各运动参数的总称,包括切削速度、进给量和背吃刀量(切削深度)。

(1)背吃刀量 a_p——工件上已加工表面与待加工表面的垂直距离，也就是车刀进给时切入工件的深度(单位:mm)，是衡量切削运动大小的参数，计算公式如下：

$$a_p = (d_w - d_m)/2$$

式中 d_w——待加工表面直径；

d_m——已加工表面直径。

(2)进给量 f——工件旋转一周，车刀沿进给方向移动的距离。它是衡量进给运动大小的参数，单位:mm/r。

(3)切削速度 V_c——主运动的线速度称为切削速度，单位是 m/min。车削时的计算公式：

$$V_c = n\pi d_w/1000$$

式中 V_c——切削速度，m/min；

n——主轴转速，r/min；

d_w——工件待加工表面直径，mm。

4. 安全生产

实训课的任务是培养学生全面牢固地掌握本工种的基本操作技能；能熟练地使用、调整本工种的主要设备；独立进行一级保养；正确使用工具、夹具、量具、刀具；养成良好的职业素养。

(1)工作时应穿工作服，戴套袖。女同志应戴工作帽，头发或辫子应塞入帽内。禁止穿裙子、短裤和凉鞋上机操作。

(2)工作时，注意头部与工件不能靠得太近；为防止切屑飞入眼中，必须戴防护眼镜。

(3)工作时，必须集中注意力，注意手、身体和衣服不能靠近正在旋转的部件，如工件、带轮、传送带、齿轮等。

(4)工件、刀具和夹具都必须装夹牢固才能切削。装夹好工件后，卡盘扳手必须随即从卡盘上取下。

(5)主轴变速、装夹工件、紧固螺钉、测量工件，清除切屑或离开机床都必须停车。

(6)装卸卡盘或装夹重工件，要有人协助。床面必须垫木板。

(7)工件转动中不准用手摸工件，不准用棉纱擦拭工件，要用专用铁钩清除切屑，不得用手去清除切屑，不得用手强行刹车。

(8)车床运转不正常有异声或异常现象，轴承温度过高时要立即停车，报告老师。

(9)不准佩戴隐形眼镜等。

(10)不准穿凉鞋、拖鞋等，建议穿劳保鞋。车床操作不准戴手套。

5. 文明生产

文明生产是生产管理的一项十分重要的内容，它直接影响产品质量的好坏，影响设备和工具、夹具、量具的使用寿命，影响操作工人技能的发挥。所以从开始学习基本操作技能时，就要重视培养文明生产的良好习惯。因此，要求操作者在操作时必须做到：

(1)开车前应检查车床各部分机构是否完好，各传动手柄、变速手柄位置是否正确，以防开车时因突然撞击而损坏机床，启动后应使主轴低速空转 1 ~2 min，使润滑油散布到各需要之处(冬天更为重要)，待机床运转正常后才能工作。

(2)工作中需要变速时,必须先停车。变速进给箱手柄位置要在低速时进行。使用电器开关的车床不准用正、反车作紧急停车,以免打坏齿轮。

(3)不允许在卡盘上及床身导轨上敲击或校直工件,床面上不准放置工具或工件。

(4)装夹较重的工件时,应该用木板保护床面,下班时如工件不卸下,应用千斤顶支撑。

(5)车刀磨损后,要及时刃磨,磨钝的车刀继续切削,其加工质量差,可造成刀具烧损,会增加车床负荷,甚至损坏机床。

(6)车削铸铁或气割下料的工件,要擦去导轨上的润滑油,工件上的型砂杂质应清除干净,以免磨坏床面导轨。

(7)使用切削液时要在车床导轨上涂润滑油。冷却泵中的切削液应定期更换。

(8)工作时使用的工具、夹具、量具以及工件,应尽可能靠近和集中在操作者的周围。图样、操作卡片应放在便于阅读的部位,并注意保持清洁和完整。物件放置应有固定的位置,使用后要放回原处。

(9)工具箱的布置要分类,并保持清洁,整齐。要求小心使用的物体需放置稳妥,一般重的东西放下面,轻的东西放上面。

(10)每件工具放在固定位置,不可随便乱放。应当根据工具自身的用途来使用,例如不能用扳手代替锤子,钢直尺代替一字旋具等。

(11)爱护量具经常保持清洁,用后擦净涂油,放入盒内并及时归还工具室。

(12)下班前,应清除车床上及车床周围的切屑及切削液,擦净后按规定在加油部位加上润滑油。

(13)下班后将床鞍摇至床尾一端,各传动手柄放到空挡位置,关闭电源。

(14)工作位置周围应经常保持整洁。

项目实施

(1)结合机床运动场景判断主运动和进给运动,结合刀具运动轨迹判断横向和纵向进给运动。

(2)结合车削过程判断车削时工件上不断变化的三个表面。

(3)掌握切削用量的定义并且可以灵活运用公式对相关参数进行计算。

【例】车削直径为50 mm的工件,若选主轴转速为600 r/min,求切削速度的大小。

解:根据公式得

$$V_c = n\pi d_w/1000 = (600\times3.14\times50)/1000\,(\text{m/min}) = 94.2\,(\text{m/min})$$

(4)根据任务内容结合车间场地、实训设备、机床等实际理解并牢记。

项目评价

根据操作过程评价表(见表1-1-1),结合学生完成情况进行评价。

表 1-1-1　操作过程评价表

<table>
<tr><td>名称</td><td colspan="2"></td><td>姓名</td><td>·</td><td>日期</td><td></td></tr>
<tr><td>序号</td><td>考核内容</td><td colspan="2">考核要求</td><td>配分</td><td>得分</td><td>教师评价</td></tr>
<tr><td rowspan="3">1</td><td rowspan="3">切削用量的相关计算</td><td colspan="2">1. 熟练掌握公式的转换及相关计算,牢记各定义</td><td>40</td><td rowspan="3"></td><td rowspan="8"></td></tr>
<tr><td colspan="2">2. 基本掌握公式的转换及相关计算,牢记各定义</td><td>30</td></tr>
<tr><td colspan="2">3. 车削用量各定义基本掌握</td><td>10</td></tr>
<tr><td rowspan="4">2</td><td rowspan="4">安全文明知识考核(提问)</td><td colspan="2">1. 正确回答全部问题</td><td>60</td><td rowspan="4"></td></tr>
<tr><td colspan="2">2. 回答错误少于 1 处</td><td>50</td></tr>
<tr><td colspan="2">3. 回答错误少于 2 处</td><td>40</td></tr>
<tr><td colspan="2">4. 回答错误少于 3 处</td><td>20</td></tr>
<tr><td colspan="5">合　计</td><td></td></tr>
</table>

谈一谈安全生产和文明生产的意义。

项目二

车刀的基本知识

项目目标

掌握常用车刀的种类、用途和各部分的名称；掌握常用刀具材料相关知识；掌握切削液的基本知识。

项目描述

根据要求完成以下知识点的学习：学习车刀的种类、用途和各部分的名称；学习几种常用车刀材料的相关内容；学习切削液的作用及常见种类。

相关知识

车刀是用于车削加工的，是具有一个切削部分的刀具。车刀是切削加工中应用最广的刀具之一，也是学习、分析各类刀具的基础。车刀用于各种车床上，可加工外圆、内孔、端面、螺纹、车槽等。车刀的工作部分就是产生和处理切屑的部分，包括刀刃、使切屑断碎或卷拢的结构、排屑或容储切屑的空间、切削液的通道等结构要素。

1. 车刀的种类

车刀按其用途不同分为外圆车刀、端面车刀、车槽/切断刀、内孔车刀、成形车刀和螺纹车刀等（见图 1-2-1）。

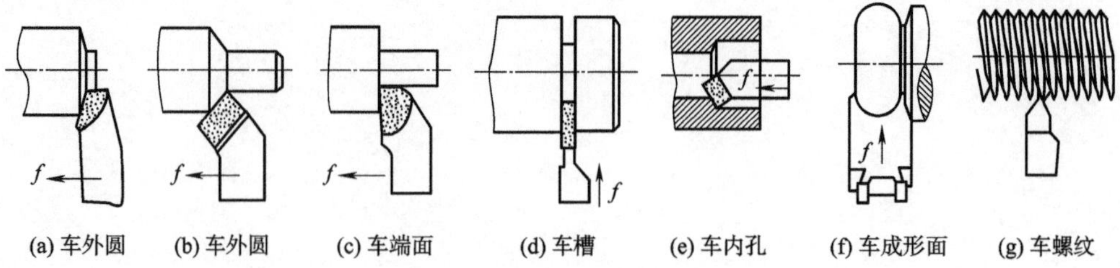

图 1-2-1　车刀用途

2. 车刀的组成

车刀由刀头和刀柄两部分组成，刀头担负切削任务，因此又称切削部分。刀柄的作用是把车刀装夹在刀架上。车刀的切削部分由前面、主后面、副后面、主切削刃、副切削刃和刀尖组成（见图 1-2-2）。

前面——切屑排出时经过的表面。

后面——又分主后面和副后面。主后面是和工件上过渡表面相对的车刀刀面；副后面是和工件上已加工表面相对的车刀刀面。

主切削刃——前刀面和主后面相交的部位，它担负着车刀的主要切削任务。

副切削刃——前面和副后面相交的部位，它担负着车刀的次要切削任务。

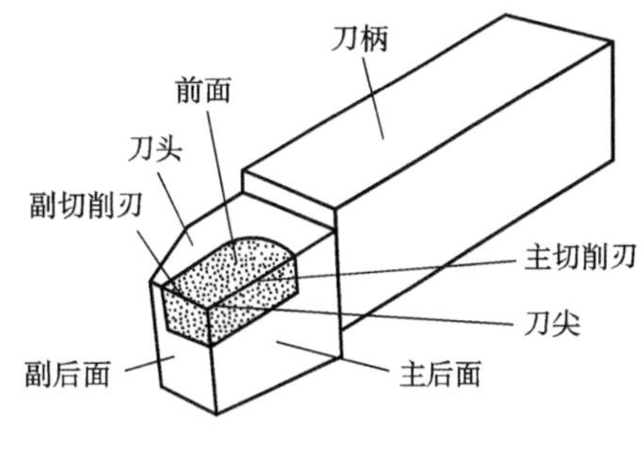

图 1-2-2　车刀组成

刀尖——主切削刃和副切削刃相交的部位，为提高刀尖的强度，常把刀尖部分磨成圆弧或直线形，圆弧或直线部分的刀刃称为过渡刃。

车刀的切削部分和柄部（即装夹部分）的结合方式主要有整体式、焊接式、机械夹固式和焊接－机械夹固式。机械夹固式车刀可以避免硬质合金刀片在高温焊接时产生应力和裂纹，并且刀柄可多次使用，机械夹固式车刀一般是用螺钉和压板将刀片夹紧。装可转位刀片的机械夹固式车刀，刀刃用钝后可以转位继续使用，而且停车换刀时间短，因此取得了迅速发展。

3. 对车刀切削部分的材料要求

（1）硬度高——常温下刀头的硬度要在 60HRC 以上。

（2）耐磨性好——耐磨性指车刀抵抗工件磨损的性能，一般材料越硬耐磨性越好。

（3）耐热性好——车刀在高温下仍有良好的切削性能。

（4）有足够的强度和韧性——车刀切削时要承受较大的冲击力，所以要求车刀刀头必须有足够的强度和韧性。

（5）有良好的工艺性能——车刀刀头材料要具备可焊接、锻造、热处理、磨削等性能

4. 常用车刀材料

常用的车刀材料主要有高速钢和硬质合金两种。

（1）高速钢（又称白钢、锋钢）是一种含有钨、铬、钒、钼等高合金元素较多的高合金工具钢，特点是制造简单、刃磨方便、韧性好并能承受较大的冲击力。但高速钢的耐热性较差，不宜高速车削。

高速钢主要适合制造小型车刀、螺纹车刀及形状复杂的成形车刀，其常用牌号有：$W_{18}Gr_4V$、$W_6Mo_5Gr_4V_2$等。

（2）硬质合金是一种硬度高、耐磨性好、耐热性好、适合高速车削的粉末冶金制品，但它的韧性差，不能承受较大的冲击力。

常用的牌号有：

①钨钴类（K 类）：YG3，YG6，YG8。数字表示钴的百分含量，钴在此起到粘结剂的作用，

含钴量越多,韧性越好,适合加工脆性材料。

②钨钛钴类(P 类):YT5 ,YT15,YT30。数字表示碳化钛的百分含量,碳化钛含量越多,耐磨性越好,适合加工韧性材料。

③钨钛钽(铌)钴类(M 类):YW1,YW2 等,主要用于加工高温合金、高锰钢、不锈钢、铸铁及合金铸铁等。

除此之外,刀具材料还有涂层刀具材料和超硬刀具材料(如陶瓷、金刚石、立方氮化硼)等。

5. 车刀的刃磨

在切削过程中,由于车刀的各表面处于剧烈的摩擦和高切削热的作用之中,会使车刀切削刃口变钝而失去切削能力,机械夹固式车刀刀头可以通过转位或更换刀头继续使用,而焊接式或高速钢车刀只有通过刃磨才能恢复切削刃口的锋利和正确的车刀角度。实践证明,合理的选用和正确的刃磨车刀,对保证加工质量,提高生产效率有极大的影响。

砂轮的选择:氧化铝砂轮(白色)适用于刃磨高速钢车刀和硬质合金车刀的刀柄部分,氮化硅砂轮(绿色)适用于刃磨硬质合金车刀。

6. 切削液的知识

车削过程中合理选择切削液,可减少车削过程中的摩擦力和降低切削温度,减少工件的热变形及表面粗糙度值,保证加工精度,延长车刀使用寿命和提高生产率。

(1)切削液的作用:冷却、润滑、清洗和防锈。

(2)切削液的种类。

乳化液:用乳化油加 15 ~20 倍的水稀释而成,主要起冷却作用。黏度小、流动性好,润滑、防锈性能差。

切削油:主要成分是矿物油,少数采用动物油或植物油,主要起润滑作用。黏度大、流动性差,散热效果稍差,润滑效果好。

(3)切削液的选择:

切削液应根据加工性质、工艺特点、工件和刀具材料等具体条件来选用。

①粗加工因切削深、进给快、产生热量多,应选择以冷却为主的乳化液。

②精加工为保证工件精度、减小表面粗糙度值,应选用以润滑为主的切削油。

③使用高速钢车刀应加注切削液,使用硬质合金刀具一般不加注切削液。

项目实施

(1)结合实物或图片准确判断有关车刀的种类、用途和各部分名称。

(2)根据所学内容掌握有关车刀材料知识,能根据加工要求合理选择车刀材料。

(3)根据所学内容掌握切削液有关知识。

项目评价

根据操作评价表(见表 1-2-1),结合学生操作情况进行评价。

表 1-2-1　操作过程评价表

名称		姓名		日期	
序号	考核内容	考核要求	配分	得分	教师评价
1	车刀组成部分认知	1. 正确回答全部 6 处	40		
		2. 回答错误少于 1 处	30		
		3. 回答错误少于 2 处	20		
		4. 回答错误少于 3 处	10		
2	车刀材料相关知识掌握	1. 全部回答正确	60		
		2. 回答错误少于 1 处	50		
		3. 回答错误少于 2 处	40		
		4. 回答错误少于 3 处	30		
		5. 回答错误少于 4 处	10		
合　计					

想一想在实训中常用的刀具名称及材料。

项目三

普通车床的基本知识

项目目标

掌握有关普通车床的基本知识，熟练掌握车床主要部件的名称和功能，了解常见车床的传动系统。

项目描述

根据要求完成以下训练内容：CA6140 型车床各部分名称的认知及作用；在机床不通电的状态下操作车床各手柄；简单了解车床传动的相关知识。

相关知识

车床是用于车削加工的一种机床（见图 1-3-1）。车工的职业定义是：操纵车床，在工件回转表面进行车削加工的人员。车削加工就是在车床上，利用工件的旋转运动和车刀的直线运动（或曲线运动）来改变毛坯的尺寸、形状，使之成为合格工件的一种金属切削方法。

在普通金属切削加工中，车床是最常用的一种机床设备，在现阶段制造企业生产中，CA6140 型车床应用得最为广泛。

项目实施

车床各部位名称及手柄操作

1. 根据所学知识参照 CA6140 型车床，学习以下内容

（1）车床包括主轴箱、交换齿轮箱、进给箱、溜板箱、光杠、丝杠、滑板、刀架、尾座、卡盘、导轨等部分。

（2）结合操作视频内容（可扫描右侧二维码观看），学习车床各部分结构名称及作用（见表 1-3-1）。

图 1-3-1　CA6140 车床

表 1-3-1　车床各部分的名称及作用

步骤	图　示	说　明
1		主轴箱——主轴箱又称床头箱，主轴变速箱的主要作用是使主轴获得不同的转速，主轴用来安装卡盘，卡盘用来装夹工件
2		交换齿轮箱——交换齿轮箱又称挂轮箱，交换齿轮箱把主轴箱的转动传递给进给箱。更换箱内齿轮，配合进给箱内的变速机构，可以得到车削各种螺距螺纹（或蜗杆）的进给运动，并满足车削时对不同纵、横向进给量的需求

续表

步骤	图　示	说　明
3		进给箱——进给箱是进给传动系统的变速机构。它把交换齿轮箱传递来的运动,经过变速后传递给光杠和丝杠,以实现各种螺纹的车削或机动进给
4		溜板箱——留板箱的作用是把光杠或丝杠传来的运动传递给床鞍和中滑板,以形成车刀纵向或横向进给运动
5	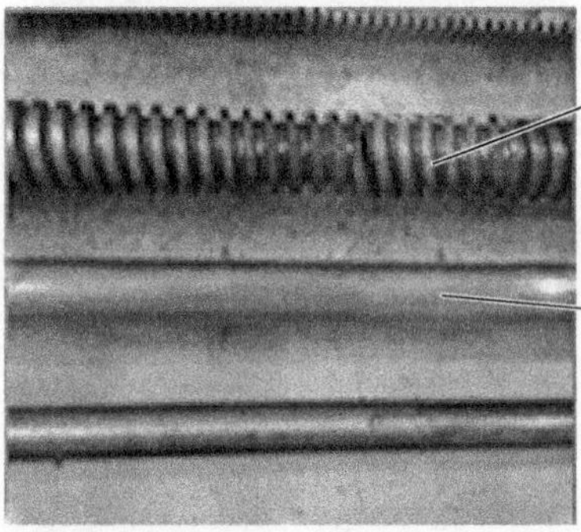 光杠 光杠	光杠——用于机动进给时传递运动。通过光杠可把进给箱的运动传递给溜板箱,使刀架做纵向或横向进给运动。 丝杠——用来车削螺纹。它能通过溜板使车刀按要求的传动以很精确的直线移动
6	 中滑板 方刀架 小滑板 床鞍	刀架部分——方刀架可以安装车刀。滑板部分由床鞍、两层滑板和刀架体共同组成,床鞍与溜板箱连接,带动车刀沿床身导轨做纵向移动;中滑板可带动车刀沿床鞍上的导轨做横向移动;小滑板可沿转盘上的导轨做短距离移动

续表

步骤	图　示	说　明
7	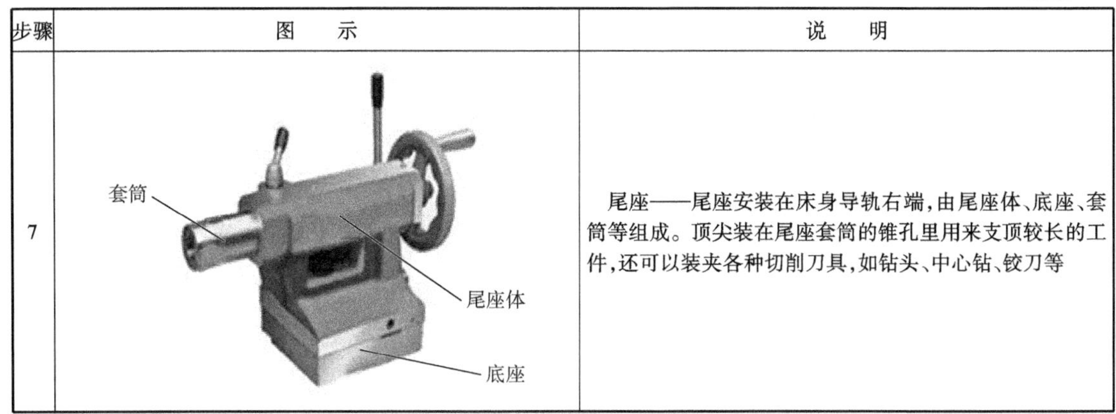	尾座——尾座安装在床身导轨右端，由尾座体、底座、套筒等组成。顶尖装在尾座套筒的锥孔里用来支顶较长的工件，还可以装夹各种切削刀具，如钻头、中心钻、铰刀等

2. 手柄的操作

熟练掌握各滑板手柄的操作，将一截铁丝固定在刀架上模拟车刀，卡盘上固定一块刻有图案的木板，双手控制滑板手柄，使铁丝沿木板上的图案前进，以此达到熟练控制手柄的目的。

3. CA6140 型车床传动系统

了解车床传动系统，如图 1-3-2 所示。

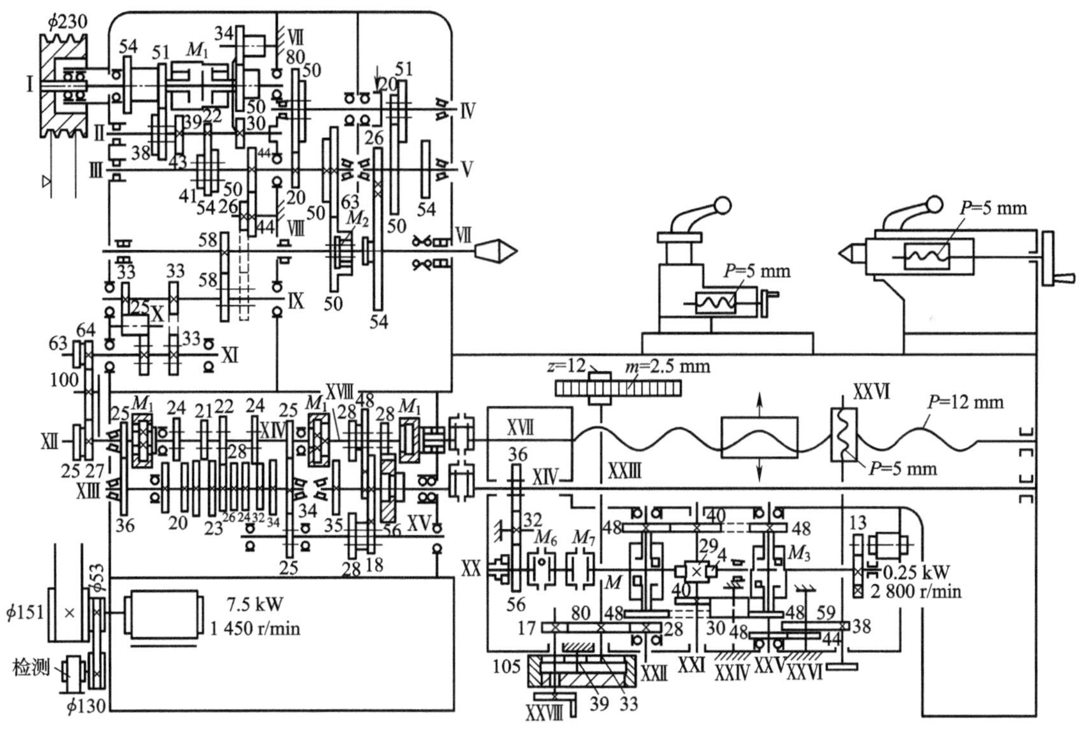

图 1-3-2　车床传动系统图

项目评价

根据操作评价表（见表 1-3-2），结合学生操作情况进行评价。

表 1-3-2 操作过程评价表

名称			姓名		日期	
序号	考核内容	考核要求	配分	得分	教师评价	
1	车床各部分认知(主轴箱、交换齿轮箱、进给箱等12处)	1. 回答正确全部12处部件名称	40			
		2. 回答错误少于或等于1处	30			
		3. 回答错误少于或等于2处	20			
		4. 回答错误少于或等于3处	10			
2	“模拟刀具”沿规定图案移动	1. 过程无明显错误,匀速完成且较流畅	60			
		2. 过程无明显错误,匀速完成	50			
		3. 过程明显错误少于或等于1处,匀速完成	40			
		4. 过程明显错误少于或等于2处,基本完成	30			
		5. 过程明显错误少于或等于3处,完成	10			
合　计						

日常生活中哪些零件是车床可以加工的?

项目四

卡盘和量具的基本知识

项目目标

1. 熟练掌握有关三爪自定心卡盘的基本知识。
2. 熟练掌握卡爪安装和拆卸方法。
3. 熟练掌握游标卡尺的有关知识。
4. 熟练掌握千分尺的有关知识。

项目描述

根据要求完成以下训练内容:三爪自定心卡盘各部分名称及作用的识读与认知;学习三爪自定心卡盘卡爪的安装与拆卸方法;学习游标卡尺、千分尺的读数与使用方法。

相关知识

1. 卡盘

卡盘是机床上用来夹紧工件的机械装置。三爪自定心卡盘是车床上应用最广泛的通用夹具。它用以装夹工件,并带动工件随主轴一起旋转,实现主运动。

卡盘利用均布在卡盘体上的活动卡爪的径向移动咬紧或松开工件,卡盘一般由卡盘体、活动卡爪和锥齿轮组成(见图1-4-1)。卡盘体中央有通孔,以便通过工件或棒料。背部有圆柱形或短锥形结构,直接或通过法兰盘与机床主轴端部相连接。

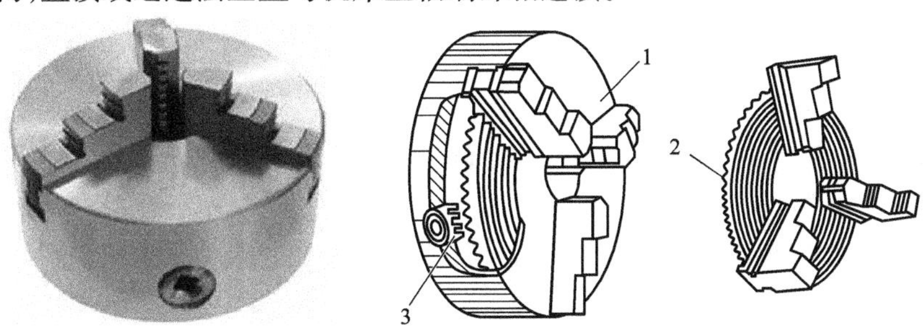

图1-4-1　卡盘及结构

1—卡盘体;2—大锥齿轮;3—小锥齿轮

2. 游标卡尺

游标卡尺是一种测量长度、内外径、深度的量具(见图1-4-2)。游标卡尺由主尺和附在主尺上能滑动的游标两部分构成。游标卡尺的主尺和游标上有两副活动量爪,分别是内测量爪和外测量爪,内测量爪通常用来测量内径,外测量爪通常用来测量长度和外径。深度尺与游标尺连在一起,可以测槽和筒的深度。

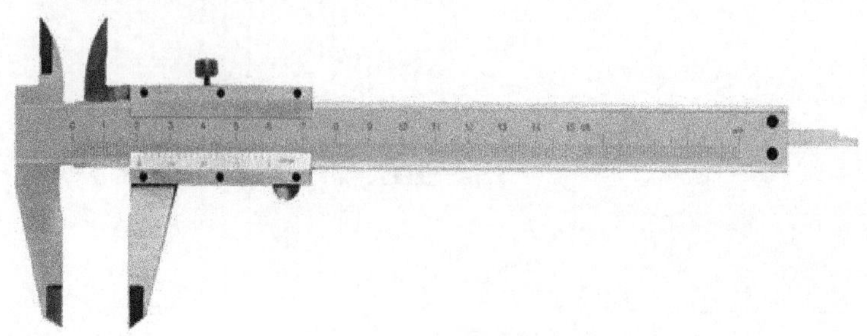

图1-4-2 游标卡尺

3. 千分尺

千分尺(见图1-4-3)又称螺旋测微器、螺旋测微仪,是比游标卡尺更精密的测量长度或直径的工具,用它测长度可以准确到0.01mm。它的一部分加工成螺距为0.5mm的螺纹,当它在固定套管的螺套中转动时,将前进或后退,活动套管和螺杆连成一体,其周边等分成50个分格。螺杆转动的整圈数由固定套管上间隔0.5mm的刻线测量,不足一圈的部分由活动套管周边的刻线测量。

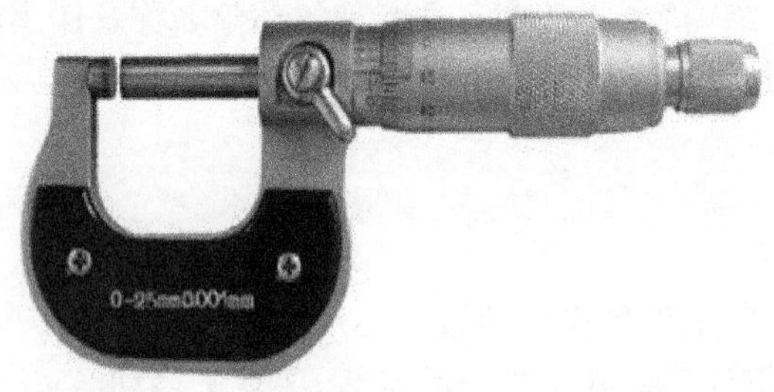

图1-4-3 千分尺

项目实施

根据所学知识联系生产实际练一练:

1. 根据实物练习三爪自定心卡盘卡爪的安装与拆卸方法

三爪自定心卡盘拆卸:用卡盘扳手逆时针旋转直至卡爪完全脱离卡盘,注意保护最下侧卡爪,防止卡爪跌落。

三爪自定心卡盘安装时:卡盘扳手顺时针旋转,根据卡爪序号依次将卡爪安装至卡盘。如序号模糊不清,也可以根据卡爪背面端面螺纹高低进行判断。判断方法——将三个卡爪按照螺纹圆弧弧顶向上的顺序并排排列,卡爪下侧螺纹最低为1号,其次为2号,最高为3号。(可扫描右侧二维码观看)

三爪自定心卡盘卡爪的安装

2. 结合量具实物掌握游标卡尺和千分尺各部分名称

游标卡尺各部分名称(见图1-4-4):尺身、内测量爪、外测量爪、游标尺、主尺、深度尺、紧固螺钉。

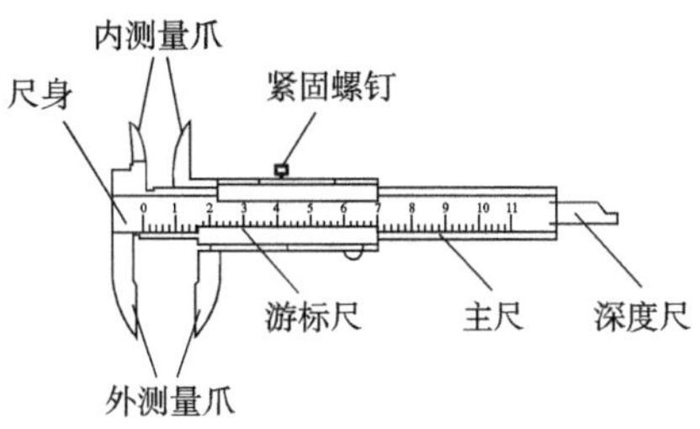

图1-4-4　游标卡尺结构

千分尺各部分名称(见图1-4-5):尺架、测砧、测微螺杆、固定套管、锁紧装置、微分筒、测力装置、隔热装置。

3. 结合量具和所测工件练习游标卡尺和千分尺的正确使用以及准确读数

游标卡尺的读数与测量(见图1-4-6):游标卡尺读数时,视线应与刻度垂直;测量时测量爪应紧贴被测工件,拧紧紧固螺钉后取下游标卡尺开始读数。

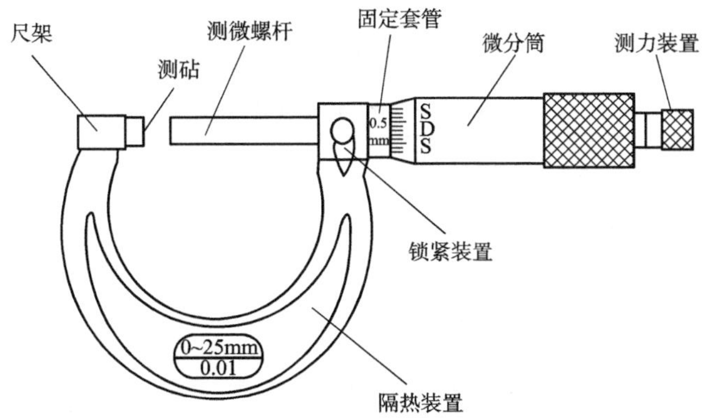

图1-4-5　千分尺结构

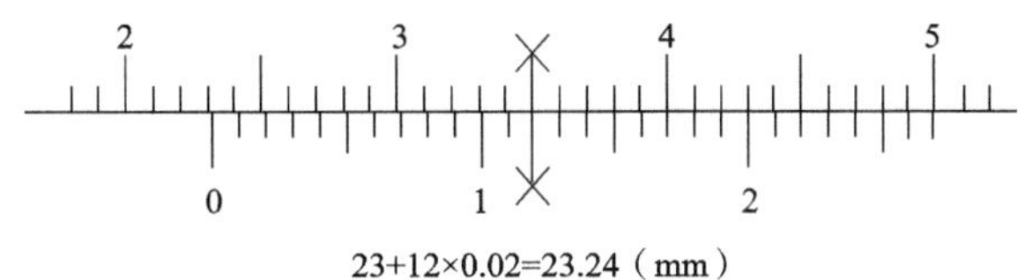

图1-4-6　游标卡尺读数

(1)尺身读取整数(游标尺上0线所指的刻度)。

(2)游标尺读取小数(游标尺上刻度与尺身刻度对齐的刻度线)。

千分尺的读数与测量(见图1-4-7):千分尺固定套管沿轴向刻度,每格为0.5 mm。测微螺杆的螺距为0.5 mm,当微分筒转1周时,测微螺杆就移动1个螺距0.5 mm。微分筒的圆周上共50个格。

(1)先读出固定套筒上露出刻线的整毫米数和半毫米数。

(2)再看微分筒上的哪一格与固定套管的基准线对齐,读出小数部分。

(3)将上述两部分尺寸相加即为被测工件的尺寸。

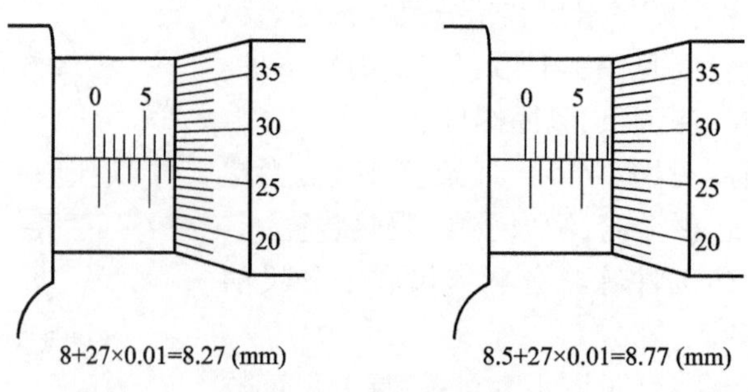

图 1-4-7　千分尺读数

项目评价

根据操作评价表(见表 1-4-1),结合学生操作情况进行评价。

表 1-4-1　操作过程评价表

名称		姓名		日期		
序号	考核内容	考核要求	配分	得分	教师评价	
1	游标卡尺与千分尺的读数与测量	1. 读数全部正确	30			
		2. 读数错误	0			
2	卡爪的安装(记录从卡爪完全拆卸到最终卡爪接触面全部接触所用时间)	1. 安装正确,用时在 1 min 以内	70			
		2. 安装正确,用时在 2 min 以内	60			
		3. 安装正确,用时在 3 min 以内	50			
		4. 安装正确,用时在 3 min 以上	30			
		5. 安装错误	0			
合　计						

思考

如何用游标卡尺测量深度?

项目五

车床启停及手柄的调整

项目目标

掌握有关车床的操作面板知识，掌握车床主轴转速的调整方法，掌握车床进给箱手柄的调整方法。

项目描述

根据要求完成以下训练内容：CA6140 车床从开机上电到启动主轴等一系列操作步骤；照明灯开关、切削液开关等的使用方法练习；根据主轴箱手柄和转速表熟练调整转速；根据进给箱手柄和进给量表格熟练调整进给量。

相关知识

车床操作面板主要包含电路电源开关(带有开关锁的断路器)、照明灯开关和切削液开关。

主轴变速箱的主要作用是使主轴获得不同的转速，CA6140 普通车床主要通过主轴箱的两个手柄的变换实现变速。

进给箱可以把交换齿轮箱传递来的运动，经过变速后传递给光杠和丝杠，通过调整进给箱手柄，可以使光杠或丝杠获得不同的转速，以实现各种螺纹的车削或机动进给。

项目实施

1. 根据所学知识参照 CA6140 型车床，联系生产实际进行练习(见表 1-5-1)

(1)如何给机床上电及主电动机如何启停？

(2)练习主轴转速的调整方法。

(3)练习进给箱手柄的调整方法。

2. 注意事项

(1)练习机床上电及主电动机的启停方法时应注意各按钮先后顺序，注意不要把急停按钮当作主轴停止按钮。

(2)转速调整练习时应确认主轴完全停止后方可练习(初学者练习时可以按下急停按

钮),如手柄有卡顿可以用手扳动卡盘,各机床手柄位置要多加练习掌握。

(3)进给量练习可在主轴低速下进行,各机床手柄位置要多加练习掌握。

表 1-5-1 车床启停练习及转速进给量调整操作步骤说明

步骤	图示	说明
1	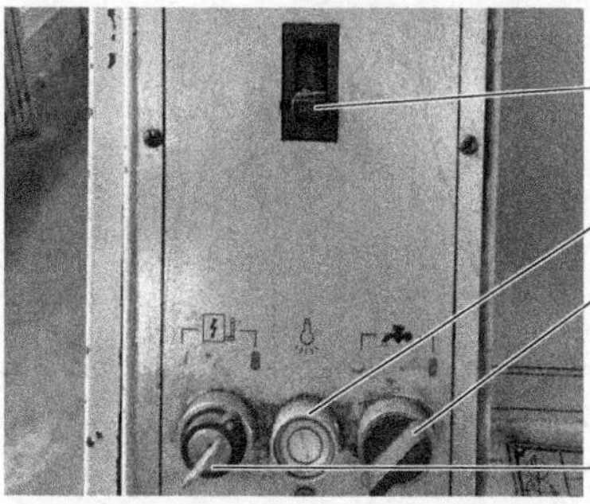 断路器 照明开关 冷却开关 钥匙	电路电源开关操作方法:插入钥匙,旋至右侧(绿色标识一侧),将断路器向上推,此时机床上电;拉下开关机床断电,钥匙旋至左侧(红色标识一侧)
2	 主电机按钮 急停开关	主轴启动方法:机床通电后,将红色紧急停止按钮(简称急停按钮)沿箭头方向顺时针旋转,急停按钮会向外弹出;触动主电动机开关,电动机启动; 向上提起操纵杆,主轴正传,向下则主轴反转,中间位置为主轴停止位置
3	 直柄① 直柄②	转速调整方法:调整转速需要在主轴完全停止状态下进行,直柄①对应不同颜色的标识点(白色标识点为空挡),直柄②对应数字部分箭头。例如,若选择转速为 450 r/min,则使弯柄对准图示位置,直柄对应黑色标识点(数字 450 为黑色)
4		进给量由 4 个手柄对照进给箱上的铭牌进行调整

项目评价

根据操作过程评价表(见表1-5-2),结合学生操作情况进行评价。

表1-5-2　操作过程评价表

<table>
<tr><td>名称</td><td colspan="2"></td><td>姓名</td><td colspan="2">·</td><td>日期</td><td></td></tr>
<tr><td>序号</td><td>考核内容</td><td colspan="2">考核要求</td><td>配分</td><td>得分</td><td colspan="2">教师评价</td></tr>
<tr><td rowspan="3">1</td><td rowspan="3">车床开关机及主轴正反转练习</td><td colspan="2">1. 过程无错误,主轴熟练掌握正反转练习</td><td>20</td><td rowspan="3"></td><td colspan="2" rowspan="10"></td></tr>
<tr><td colspan="2">2. 过程无错误,完成主轴正反转练习</td><td>10</td></tr>
<tr><td colspan="2">3. 未完成</td><td>0</td></tr>
<tr><td rowspan="3">2</td><td rowspan="3">转速调整练习</td><td colspan="2">1. 过程正确熟练,启动后主轴正常旋转</td><td>30</td><td rowspan="3"></td></tr>
<tr><td colspan="2">2. 过程正确,个别手柄不到位</td><td>20</td></tr>
<tr><td colspan="2">3. 未完成</td><td>0</td></tr>
<tr><td rowspan="3">3</td><td rowspan="3">进给量调整练习</td><td colspan="2">1. 过程正确熟练,启动后光杠正常旋转</td><td>50</td><td rowspan="3"></td></tr>
<tr><td colspan="2">2. 过程正确,个别手柄位置不到位</td><td>30</td></tr>
<tr><td colspan="2">3. 未完成</td><td>0</td></tr>
<tr><td colspan="5">合　　计</td><td></td></tr>
</table>

思考

为什么不能用紧急停止按钮代替主轴停止按钮?

项目六

手动车削端面的方法

项目目标

掌握工件的安装方法，掌握端面车刀的安装方法，掌握端面的车削方法。

项目描述

根据要求完成以下训练内容：工件的安装方法及如何找正；如何使用测量中心高的方法安装端面车刀；手动车削端面的方法。

相关知识

车刀是用于车削加工、具有一个切削部分的刀具。车刀是切削加工中应用最广的刀具之一。车刀的工作部分就是产生和处理切屑的部分，包括刀刃、使切屑断碎或卷拢的结构、排屑或容储切屑的空间、切削液的通道等结构。

端面指圆柱形工件两端的平面，端面的车削过程中，由于直径不断变化，线速度也发生变化，为保证表面粗糙度，手动车削时进给量应根据实际情况有所变化。

项目实施

1. 根据所学知识，联系生产实际进行练习（见表1-6-1）

（1）端面车刀的安装方法练习。

（2）结合操作视频内容练习手动车削端面的方法（可扫描右侧二维码观看）。

2. 注意事项

（1）安装车刀的注意事项：

安装车刀时要求刀架螺母完全接触刀柄，用刀架扳手拧紧螺母，为防止损坏刀架螺母，不提倡使用助力管。

（2）端面的车削过程中手动控制中滑板时要求走刀连续，不要出现停顿现象。

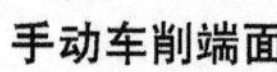

表 1-6-1　车刀的安装方法及端面的车削方法操作步骤说明

步骤	图　示	说　明
1		车刀的安装方法： 伸出长度——外圆、端面车刀刀头伸出的长度为刀杆厚度的 1 ~ 1.5 倍； 刀高——刀尖高度与主轴的中心等高，可以采用刀尖对准尾座顶尖的方法，也可以采用高度尺测量的方法（沈阳机床厂 CA6140A 车床刀尖到中滑板的垂直高度为 109mm）； 主切削刃角度——45°车刀主切削刃与进给方向夹角为 45°
2	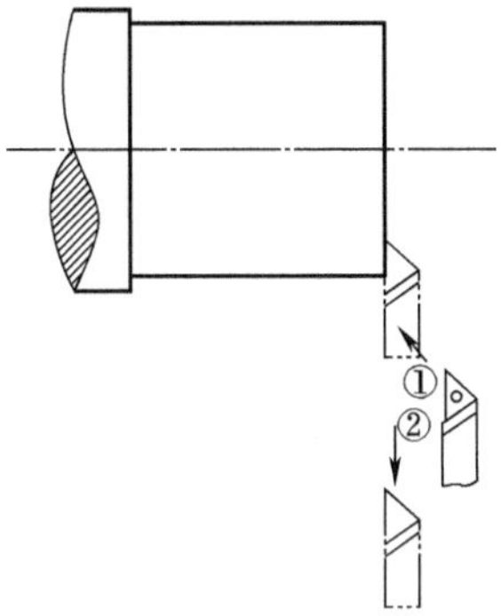 ① ②	手动端面的车削方法： （1）主轴正转，摇动中滑板和大拖板靠近工件（图示①），使刀尖轻触工件端面，横向退出车刀（图示②）
	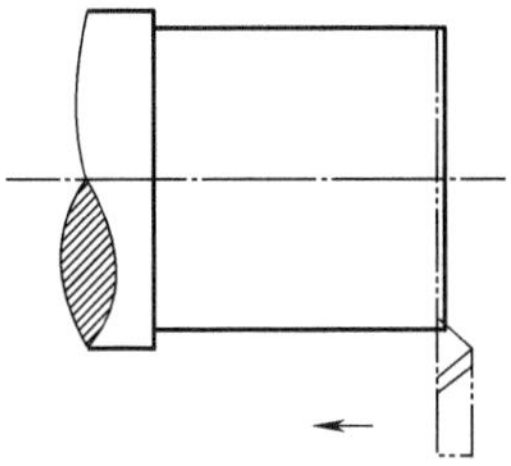	（2）纵向向左适当进刀，吃刀量多少根据实际情况得出
	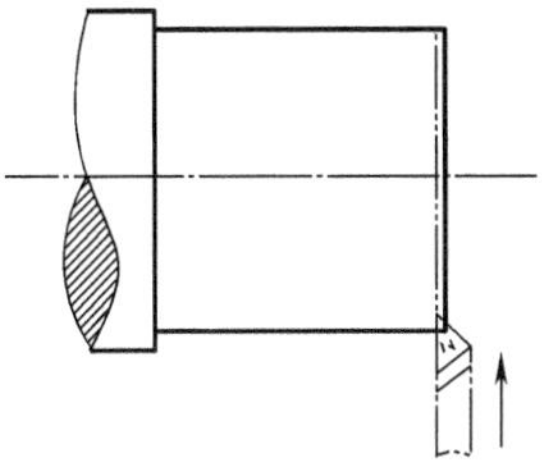	（3）双手控制中滑板连续进刀，随着切削直径减小可适当降低进给量，直至完成车削

项目评价

根据操作过程评价表(见表1-6-2),结合学生操作情况进行评价。

表1-6-2 操作过程评价表

<table>
<tr><td colspan="2">名称</td><td></td><td>姓名</td><td>·</td><td>日期</td><td></td></tr>
<tr><td>序号</td><td>考核内容</td><td colspan="2">考核要求</td><td>配分</td><td>得分</td><td>教师评价</td></tr>
<tr><td rowspan="4">1</td><td rowspan="4">车刀的安装</td><td colspan="2">1. 安装正确,高度、伸出长度正确,力度恰当</td><td>40</td><td rowspan="4"></td><td rowspan="9"></td></tr>
<tr><td colspan="2">2. 安装正确,高度正确,力度恰当</td><td>30</td></tr>
<tr><td colspan="2">3. 安装正确,高度、伸出长度正确</td><td>20</td></tr>
<tr><td colspan="2">4. 安装错误</td><td>0</td></tr>
<tr><td rowspan="4">2</td><td rowspan="4">手动车削端面</td><td colspan="2">1. 过程正确,较熟练,加工表面粗糙度较好</td><td>60</td><td rowspan="4"></td></tr>
<tr><td colspan="2">2. 过程正确,基本完成,表面粗糙度尚可</td><td>50</td></tr>
<tr><td colspan="2">3. 基本完成</td><td>40</td></tr>
<tr><td colspan="2">4. 过程明显错误</td><td>0</td></tr>
<tr><td colspan="5">合　计</td><td></td></tr>
</table>

思考

刀尖高度如果与主轴中心不等高对切削有何影响?

项目七

“试切法”车削外圆的方法

项目目标

1. 掌握90°外圆车刀的安装方法。
2. 掌握“试切法”车削外圆的方法。

项目描述

根据要求完成以下训练内容：90°外圆车刀的基本知识；外圆偏刀的安装方法；“试切法”车削外圆的方法步骤。

相关知识

试切法，就是通过对工件试切、测量、调整刀具再试切的反复过程，使工件的实际尺寸达到合格的机加工方法。在普通机床上进行单件或小批量生产时广泛采用这种方法获得尺寸精度。

试切法是初学者必须熟练掌握的加工方法，在试切法加工中，虽然对工件进行了试切、测量、调整刀具、再试切的反复过程，但有时仍然会出现尺寸误差。当尺寸误差超出了规定的公差，就要对其产生的原因进行分析，并要采取相应措施加以解决。

项目实施

1. 根据所学知识，联系生产实际进行练习（见表1-7-1）

（1）90°外圆车刀的安装方法练习。

（2）结合操作视频内容练习使用“试切法”车削外圆的方法（可扫描右侧二维码观看）。

试切法手动车削外圆

2. 注意事项

（1）车刀的安装方法及注意事项：

安装车刀时要求刀架螺母完全接触刀柄，用刀架扳手拧紧螺母，为防止损坏刀架螺母，不提倡使用助力管。

(2)“试切法”车削外圆的方法：

测量时为避免误差，建议多次测量；因机床丝杠有间隙，故进刀时如出现进刀量大的现象，退刀时应“大退”（反向退刀时中滑板退半圈以上）。

表 1-7-1 车刀的安装方法及“试切法”操作步骤说明

步骤	图示	说明
1	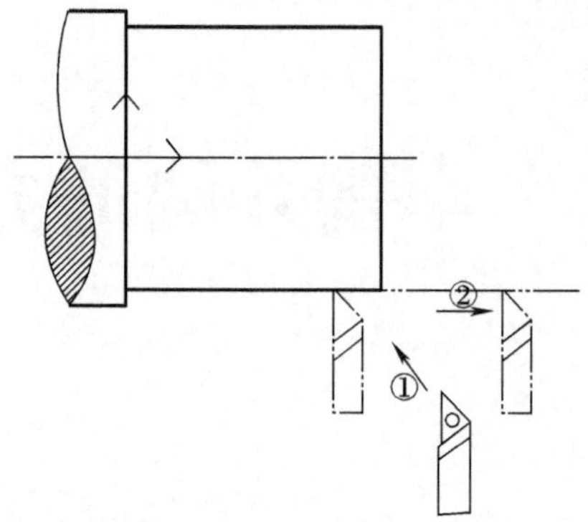 ② ①	手动车削外圆的方法： 主轴正转，手动控制中滑板和大拖板靠近工件，使刀尖轻触工件右侧外圆（图示①），纵向向右退出车刀（图示②）
2	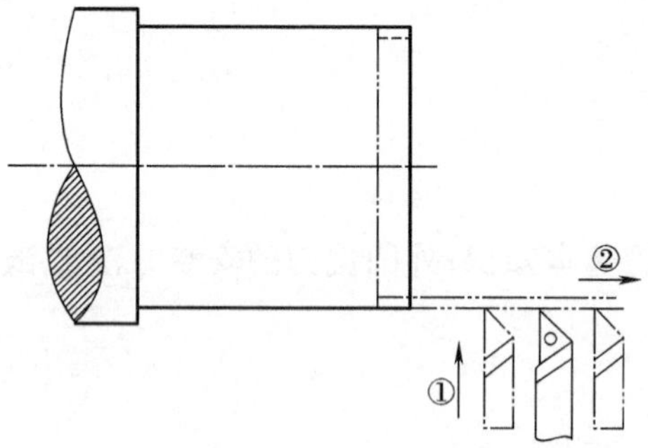 ② ①	中滑板横向进刀（图示①），吃刀量多少根据实际情况得出（一般取加工余量二分之一左右），纵向进刀试切，试切长度适宜即可，再次纵向（向右）退出车刀（图示②）
3	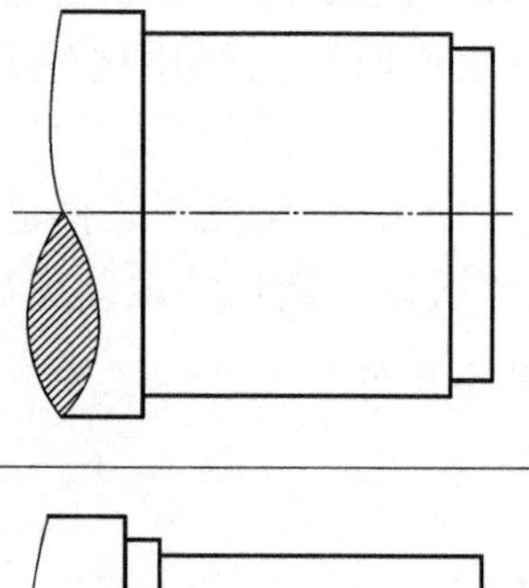	停止主轴转动，根据加工精度选择相应测量工具，使用测量工具测量切削部分外圆直径，根据测量结果和图纸要求尺寸计算出中滑板进刀刻度，准确进刀
4	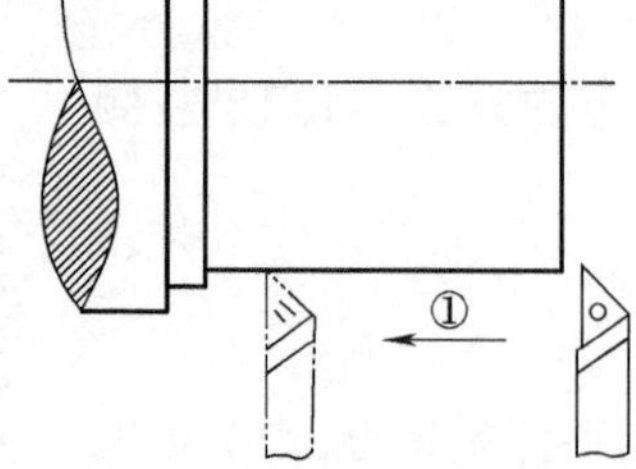 ①	控制大拖板（床鞍）手动进刀车削，双手控制使车刀匀速进给，直至完成车削，结束后退出车刀，停止主轴，车削结束（图示①）

项目评价

根据操作过程评价表(见表1-7-2),结合学生操作情况进行评价。

表1-7-2 操作过程评价表

<table>
<tr><td colspan="2">名称</td><td></td><td>姓名</td><td>·</td><td>日期</td><td></td></tr>
<tr><td>序号</td><td>考核内容</td><td colspan="2">考核要求</td><td>配分</td><td>得分</td><td>教师评价</td></tr>
<tr><td rowspan="4">1</td><td rowspan="4">车刀的安装</td><td colspan="2">1. 安装正确,高度、伸出长度正确,力度恰当</td><td>40</td><td rowspan="4"></td><td rowspan="9"></td></tr>
<tr><td colspan="2">2. 安装正确,高度正确,力度恰当</td><td>30</td></tr>
<tr><td colspan="2">3. 安装正确,高度、伸出长度正确</td><td>20</td></tr>
<tr><td colspan="2">4. 安装错误</td><td>0</td></tr>
<tr><td rowspan="4">2</td><td rowspan="4">“试切法”车削外圆</td><td colspan="2">1. 过程正确熟练,尺寸正确,表面粗糙度较好</td><td>60</td><td rowspan="4"></td></tr>
<tr><td colspan="2">2. 过程正确,尺寸正确,基本完成操作,表面粗糙度尚可</td><td>50</td></tr>
<tr><td colspan="2">3. 基本完成</td><td>40</td></tr>
<tr><td colspan="2">4. 过程明显错误</td><td>0</td></tr>
<tr><td colspan="5">合　计</td><td></td></tr>
</table>

思考

进刀量大时如退刀未“大退”会造成加工尺寸比要求尺寸变大还是变小?

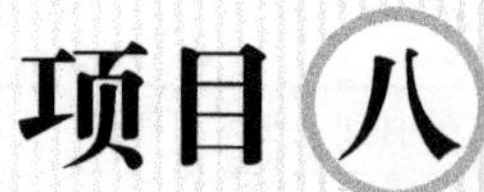

项目八 车削阶台轴

项目目标

1. 掌握采用“刻线法”控制阶台长度的方法。
2. 熟练掌握使用“试切法”车削阶台轴的方法。
3. 掌握使用游标卡尺、千分尺等量具测量工件的方法。

项目描述

根据所学技能完成图 1-8-1 所示工件（工艺卡片见工艺卡片篇卡片一）。

车削流程如下：装夹工件→车削端面→粗车 $\phi40$、$\phi30$ 外圆面→精车 $\phi40$、$\phi30$ 外圆面→倒角。

图 1-8-1 车削阶台轴

相关知识

轴是各种机器中最常见的零件之一，轴类工件一般由圆柱、阶台、端面、退刀槽、倒角等部分组成。阶台轴又称阶梯轴，一般用于确定轴上零件的轴向位置，在轴类工件中占有相当多的比重。

车削轴类工件一般分粗车和精车两个阶段，粗车时为提高劳动生产率应尽快将多余金属车去，精车时余量小，必须使工件达到图样要求。本项目主要学习阶台轴的车削。使用的量具为游标卡尺和千分尺。

“试切法”是普通车床控制外圆尺寸时用到的加工技术之一，在车床操作中具有十分重要的地位；“刻线法”是控制台阶长度的加工方法之一，必须熟练掌握。

项目实施

1. 加工准备

机床：CA6140A 车床；

工件毛坯：$\phi42\times85$（mm）；

量具：游标卡尺(0～150 mm)、千分尺(25～50 mm)；

刀具：90°外圆车刀、45°外圆车刀；

工具：卡盘扳手、刀架扳手、助力管、垫片、铁钩等。

2. 操作步骤

工件装夹找正部分不再叙述，加工步骤从阶台部分开始。

车削阶台部分操作步骤见表1-8-1。

3. 注意事项

(1)粗车时为提高效率，可以使用游标卡尺测量。

(2)粗车 $\phi30\times15$ 外圆面时，为保护刀具背吃刀量应根据刀具情况选择多次车削。

(3)精车时为保证尺寸精度必须使用千分尺测量，试切时注意控制进刀量以防过量进刀。

表1-8-1　车削阶台部分操作步骤说明

步骤	图　示	说　明
1	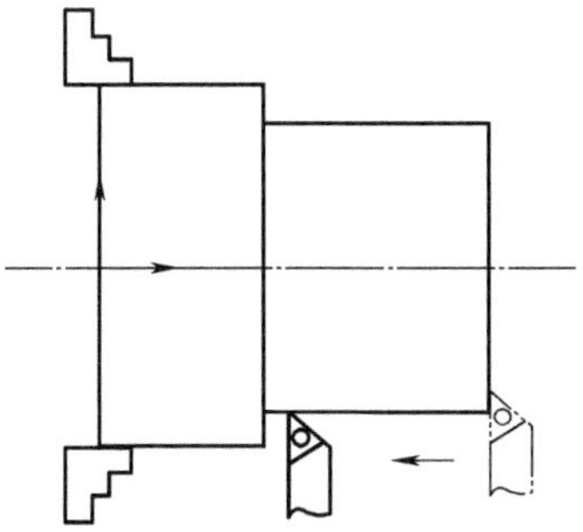	车削端面：移动床鞍使45°外圆车刀靠近毛坯端面，刀尖接触端面。利用中滑板横向退刀，向左移动床鞍0.5 mm，手动车削端面
2	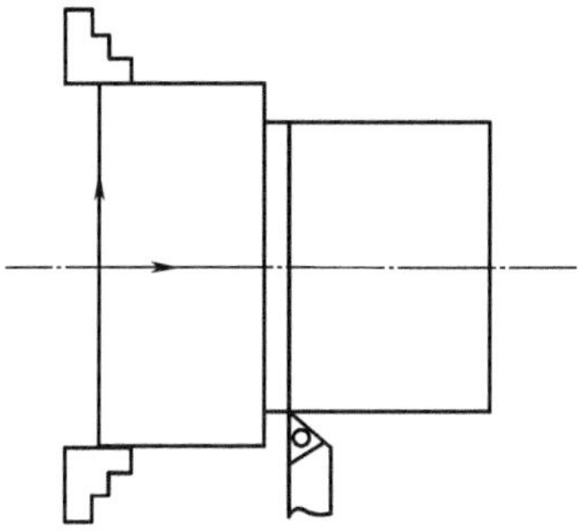	刻线法控制长度：转动刀架选择90°外圆车刀，移动床鞍使车刀靠近毛坯端面，刀尖接触端面，将滑板刻度设定到零线。利用中滑板横向退刀，向左移动床鞍40 mm，中滑板横向进刀车一条刻痕线(以最小背吃刀量)
3	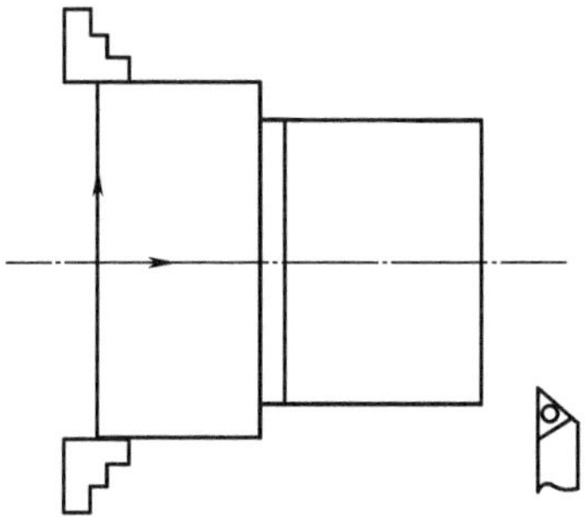	粗车外圆面：选择合适的切削用量，采用“试切法”车削 $\phi40\times40$ 外圆面(留精车余量0.5～1 mm)。采用同样的方法粗车 $\phi30\times15$。注意背吃刀量如太大可以分多次车削

续表

序号	图　示	说　明
4		精车外圆面：转动刀架选择精车刀。选择合适的切削用量，采用“试切法”车削 $\phi40\times40$ 外圆面。采用同样的方法精车 $\phi30\times15$ 外圆面
5		倒角：转动刀架选择 45°外圆车刀，车削两处倒角 $C1$，测量无误后取下工件

项目评价

通过技能学习，依据质量检测表（见附录 B：表 B-1）对完成工件进行评价。

思考

请同学们想一想高阶台轴的加工方法。

项目九

车削外沟槽

项目目标

1. 掌握切槽刀的安装使用方法。
2. 熟练掌握窄槽、宽槽的车削方法。
3. 掌握使用游标卡尺、千分尺等量具测量工件的方法。

项目描述

根据所学技能完成图 1-9-1 所示工件（工艺卡片见 73 页卡片二）。

车削流程如下：

装夹工件→车削端面→粗、精车 $\phi35$ 外圆面→车削 4.5 ×2 窄槽→粗精车 7 ±0.1 外沟槽→倒角。

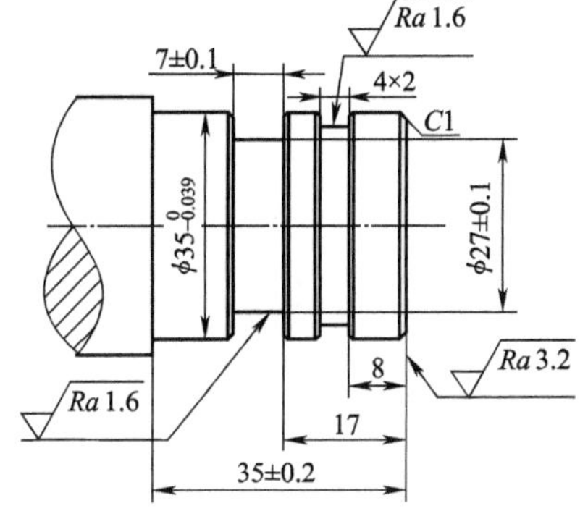

图 1-9-1　车削外沟槽

相关知识

车削外圆以及轴肩部分的沟槽，称为车外沟槽，外沟槽在螺纹处又称退刀槽；在加工时如果工件棒料较长，需切断后再加工，或者在车削完成后把工件从原材料上切割下来，这样的加工方法称为切断。

车槽和切断在加工时选用的车刀基本一致，都以横向进刀为主，一般切断刀主切削刃较窄，刀头较长，因此刀头强度较差，所以在选择切削用量时应特别注意。

本项目主要学习窄槽和宽槽的车削，采用的车刀材料为高速钢，通过本项目的训练可以掌握一般外沟槽的车削方法。

项目实施

1. 加工准备

机床：CA6140A 车床；

工件毛坯：$\phi42 \times 85$ mm；

量具:游标卡尺(0 ~ 150 mm)、千分尺(25 ~ 50 mm);

刀具:90°外圆车刀、45°外圆车刀、切槽刀;

工具:卡盘扳手、刀架扳手、助力管、垫片、铁钩等。

外沟槽简单车削

2. 操作步骤

外圆车削部分不再叙述,加工步骤从沟槽部分开始。

车削沟槽部分操作步骤见表 1-9-1(扫描右侧二维码观看操作视频)。

表 1-9-1 车削沟槽部分操作步骤说明

步骤	图 示	说 明
1	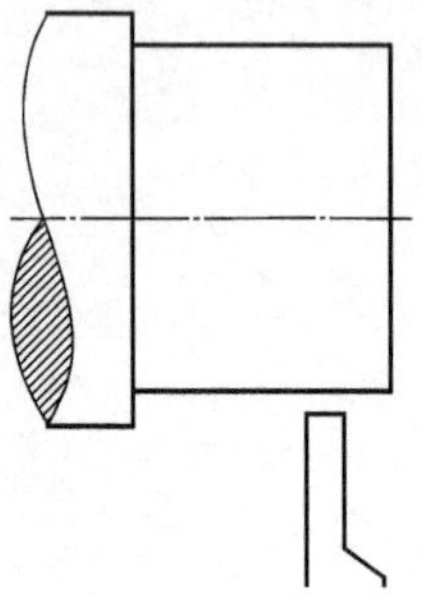	安装车刀——使切槽刀刀尖高度与主轴中心等高,利用直角尺或工件外圆参照找正角度,使切槽刀横刃与主轴平行;调整主轴箱手柄和进给箱手柄至正确位置
2	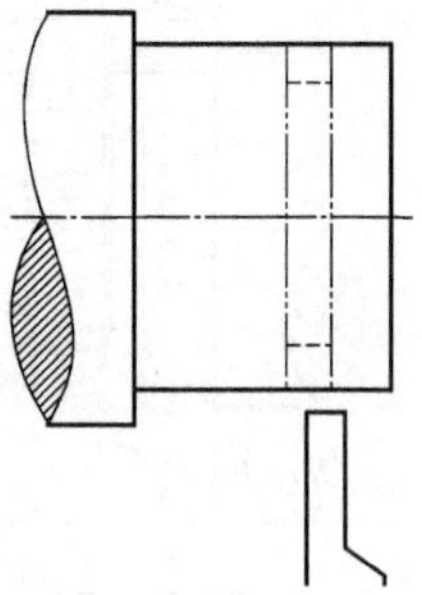	车削窄槽——移动切槽刀使车刀右侧距端面 5mm(深度尺辅助),中滑板进刀至外圆处停止,记下此时中滑板刻度。双手控制中滑板手柄进刀,速度快慢适中,直至完成工件
3	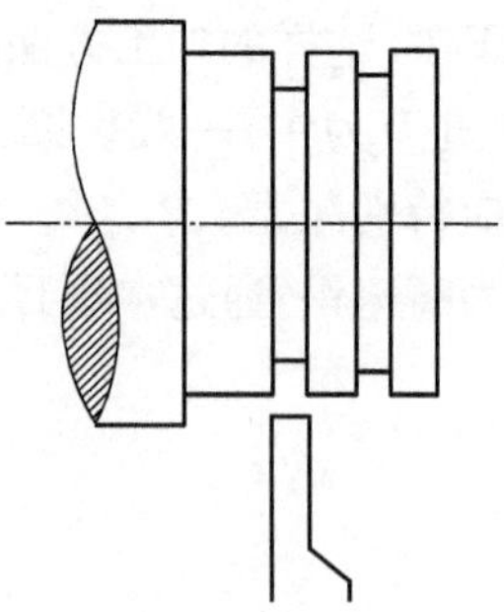	车削宽槽——小滑板调零。移动切槽刀至宽槽右侧位置(深度尺辅助),中滑板进刀至外圆处停止,记下此时中滑板刻度。双手控制中滑板手柄进刀,速度快慢适中,粗车切削至槽底(留 0.1 ~ 0.2 mm 精车余量),向后退出车刀

续表

步骤	图示	说明
4		移动小滑板——根据槽宽计算小滑板应进刻度(槽宽 = 刀宽),根据数值转动小滑板手柄使车刀向左移动。双手控制中滑板手柄进刀,速度快慢适中,粗车切削至槽底(留 0.1 ~ 0.2 mm 精车余量)
5		精车槽底:调整合适切削用量精车宽槽槽底,直至完成工件。测量无误后加工倒角,取下工件

3. 注意事项

(1)安装车刀时横刃应与主轴轴线平行,否则车削槽底会出现不平现象。

(2)根据刀具材料和车削要求选择对应的切削参数,加工前注意检查各手柄。

(3)精车宽槽槽底时,高速钢车刀应保证刃口锋利,选择低速并加注切削液。

(4)手动车削窄槽时因切槽刀刀宽的因素,为避免崩刀,进刀时速度勿过快或过慢。

项目评价

通过技能学习,依据质量检测表(见附录 B:表 B-2)对完成工件进行评价。

思考

请同学们思考如何保证槽底表面粗糙度。

项目十 车削圆锥面

项目目标

1. 掌握转动小滑板法车削圆锥的方法。
2. 会使用万能角度尺等量具检验圆锥角度和尺寸。

项目描述

根据所学技能完成图 1-10-1 所示工件（工艺卡片见 76 页卡片三）。

车削流程如下：

装夹工件→车削 $\phi40$ 外圆面→调头→车削 $\phi34$ 外圆面→车削锥度 1∶5 的圆锥。

图 1-10-1　车削外锥体

相关知识

在机床和工具中，圆锥面的配合应用十分广泛，且锥体部分圆锥角等尺寸多数已经标准化，常用标准圆锥主要有莫式圆锥和米制圆锥（见附录 A）。

圆锥加工的方法主要有转动小滑板法、偏移尾座法、仿形法和宽刃刀车削法。检测方法主要有用万能角度尺测量、用角度样板测量、用圆锥量规测量和用塞规测量等。

本项目主要学习采用“转动小滑板”法车削短圆锥，检测方法采用万能角度尺测量。通过本项目的训练，可以学会短圆锥的车削与测量方法。

项目实施

1. 加工准备

机床：CA6140A 车床；

工件毛坯：$\phi42\times61$ mm；

量具：游标卡尺（0～150 mm）、千分尺（25～50 mm）、万能角度尺；

刀具:90°外圆车刀、45°外圆车刀;

工具:卡盘扳手、刀架扳手、助力管、垫片、铁钩等。

2. 操作步骤

阶台部分加工不再叙述,加工步骤从锥体部分开始。

车削圆锥部分操作步骤见表1-10-1(扫描右侧二维码观看操作视频)。

粗车圆锥

3. 注意事项

(1)刀具安装必须对准工件旋转中心,避免产生双曲线误差。

(2)车刀切削刃始终要保持锋利,手动进给要慢且均匀,锥体表面应一次车出,不要接刀。

(3)车刀在中途刃磨以后装夹时,必须重新调整,使刀尖严格对准工件中心线。

(4)用万能角度尺测量时,测量边应该通过工件中心。

(5)常用工具、刀具的圆锥部分已经标准化,可查阅相关手册。

表1-10-1 车削圆锥部分操作步骤说明

步骤	图示	说明
1	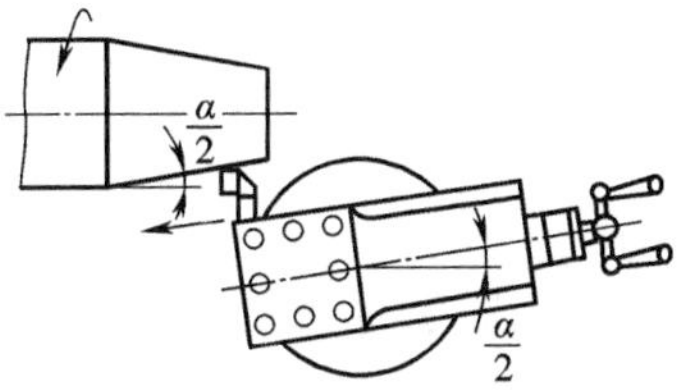 $\frac{\alpha}{2}$ $\frac{\alpha}{2}$	调整小滑板:根据计算得出圆锥半角 $\alpha/2=5°42'$,由于圆锥半角不是整数,故小滑板只能估算转动,将小滑板下面转盘上的螺母松开,逆时针把转盘转至5°30′~6°之间,然后用试切法找正,固定转盘上的螺母。
2	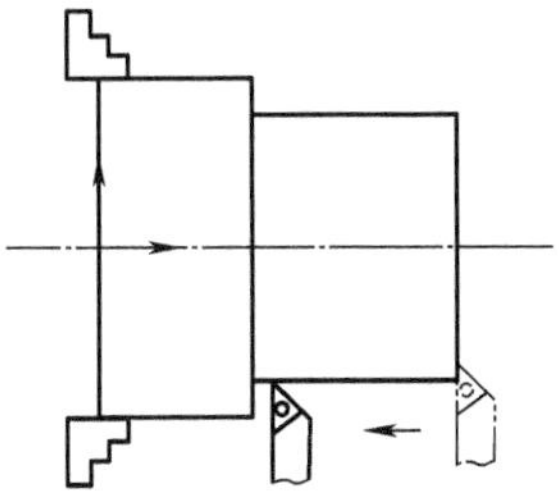	对刀:移动床鞍使车刀靠近毛坯端面,刀尖接触端面,将滑板刻度设定到零线。利用中滑板横向退刀,向左移动床鞍30 mm
3	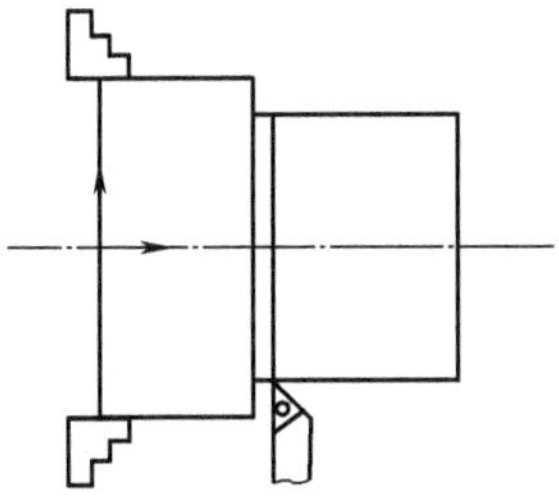	刻线:中滑板横向进刀车一条刻痕线(以最小背吃刀量,同时记下中滑板的刻度)
4	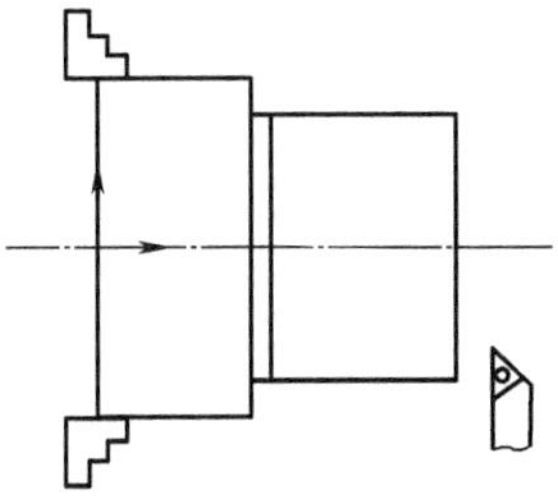	粗车圆锥体:用刀架手柄和横向手柄退出车刀,使刀尖对准毛坯的外圆端面处,一次的背吃刀量最大为2 mm,双手交替平稳的转动小滑板手柄进行车削,一直到离刻线约2 mm的位置

续表

步骤	图示	说明
5	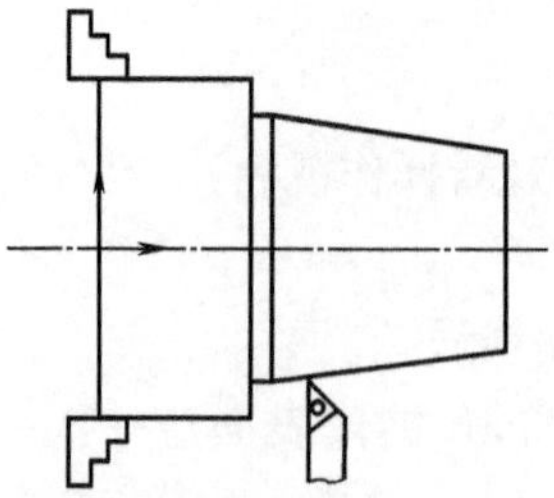	检查锥度,切削并调整:用万能角度尺检查锥度,调整好锥度测量边,测量工件端面与圆锥面的夹角。根据测量结果调整小滑板
6	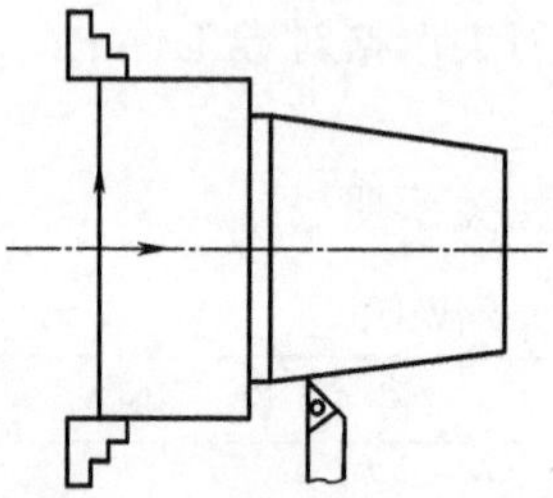	精车圆锥面:重复步骤2、3,然后中滑板横向退刀(所退圈数要记住),床鞍固定不动,利用小滑板向右将车刀退到锥体之外,然后中滑板横向进刀至上一步刻线的刻度(中滑板进刀时圈数要准确),开始车削。车刀切削刃始终要保持锋利,手动进给要慢且均匀,锥体表面应一次车出,不要接刀

项目评价

通过技能学习,依据质量检测表(见附录B:表B-3)对完成工件进行评价。

思考

加工锥体时,锥体表面双曲线误差形成的原因是什么?

项目目标

1. 掌握普通螺纹车刀的安装方法。
2. 熟练掌握使用“正反车”车削外螺纹的方法。
3. 掌握使用螺纹环规等量具测量工件的方法。

项目描述

根据所学技能完成图 1-11-1 所示工件（工艺卡片见 79 页卡片四）。

车削流程如下：

装夹工件→车削端面→粗、精车 $\phi27$ 外圆面→倒角→车削 M27 ×1.5 外螺纹。

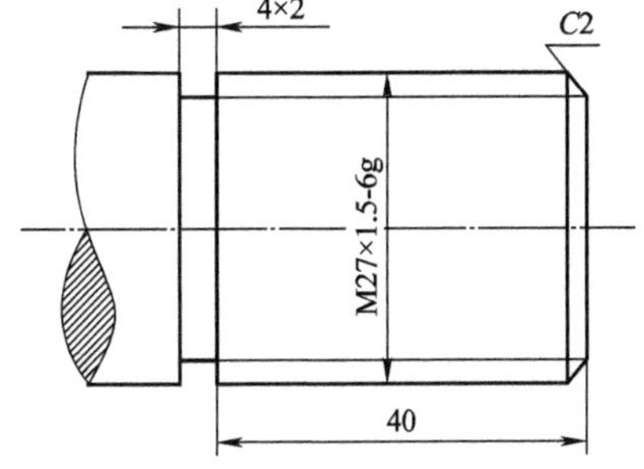

图 1-11-1　车削外螺纹

相关知识

机器中很多零件都带有螺纹，螺纹用途十分广泛，有作连接（或固定）用，也有作传动用，螺纹尺寸已经标准化，根据标准不同种类繁多。常用螺纹主要包含普通螺纹和英制螺纹（见附录 A）。螺纹的加工方法有很多，大批量加工直径较小的螺纹，常采用滚丝、搓丝或轧丝的方法，数量较少的螺纹工件常采用车削的方法。

车削普通螺纹的方法有低速车削和高速车削两种，低速车削时使用高速钢螺纹车刀，高速车削时采用硬质合金车刀。车削螺纹的加工方法主要有提开合螺母法和倒顺车车削法，车削普通螺纹的进刀方法主要有直进法、左右车削法和斜进法。常见的螺纹检测方法主要有用螺纹千分尺测量、用三针测量、用单针测量和用螺纹环规测量。

本项目主要学习低速车削的方法，采用的加工方法为“倒顺车”法，进刀方式为直进法，检测方式为螺纹环规测量。通过训练可以掌握普通螺纹的加工和检测方法。

项目实施

1. 加工准备

机床:CA6140A 车床;

工件毛坯:$\phi30\times60$ mm;

量具:游标卡尺(0 ~ 150 mm)、千分尺(25 ~ 50 mm)、螺纹环规(M27 × 1.5-6g);

刀具:90°外圆车刀、45°外圆车刀、切槽刀(刀宽 4 mm)、螺纹车刀;

工具:卡盘扳手、刀架扳手、助力管、垫片、铁钩等。

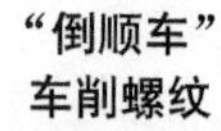

2. 操作步骤

工件装夹找正部分不再叙述,加工步骤从螺纹部分开始。

车削螺纹部分操作步骤见表 1-11-1(扫描右侧二维码观看操作视频)。

表 1-11-1 车削螺纹部分操作步骤说明

步骤	图 示	说 明
1		安装车刀:使外螺纹车刀刀尖的高度与主轴中心等高,利用螺纹样板找正角度;调整主轴箱手柄和进给箱手柄至正确位置
2		开车对刀:使车刀轻触工件外圆,记下刻度盘读数,然后先向后,再向右退出车刀
3		试切螺纹:合上开合螺母,进刀至对刀所得读数处,主轴正转,使车刀在工件表面车出一条螺旋线,车削至退刀槽处退出车刀同时开反车,使车刀退出工件,停车检查螺距是否正确

续表

步骤	图　示	说　明
4		车削螺纹：在第一步所记下的刻度盘基础上，利用刻度盘调整背吃刀量，开车使车床正转进行切削
5	3 2 1 4	反车退刀：车削将至行程终了时，应作好反车准备，先逆时针快速转动中滑板手柄，同时控制手柄使主轴反转，使车刀退到工件之外
6		检测螺纹：再次调整背吃刀量，继续加工。车削快要完成时用螺纹环规检测螺纹中径尺寸，根据检测结果调整背吃刀量

3. 注意事项

车削图 1-11-1 所示工件，注意以下事项：

（1）安装螺纹刀时螺纹刀两侧夹角要相等，否则会造成车削的螺纹牙型错误。

（2）一次车削结束后退刀时中滑板手柄退刀圈数，与下一次进刀时圈数应一致。

（3）直进法车削螺纹过程中不要移动小滑板（小滑板尺寸不变）。

（4）用螺纹环规检测螺纹应在车削快要结束的时候，根据通规进入的松紧程度调整中滑板背吃刀量。

（5）通规通过，止规不通过时螺纹合格；通规通不过，止规通不过时不合格（外径或中径尺寸大）；通规通过，止规通过时不合格（螺纹尺寸小）；通规通不过，止规通过时不合格（牙型错误或螺纹乱扣）。

项目评价

根据操作过程评价表（见表 1-11-2），结合学生操作情况进行评价。

表 1-11-2 操作过程评价表

<table>
<tr><td>名称</td><td colspan="2"></td><td>姓名</td><td>·</td><td>日期</td><td></td></tr>
<tr><td>序号</td><td>考核内容</td><td>考核要求</td><td>配分</td><td>得分</td><td>教师评价</td></tr>
<tr><td rowspan="3">1</td><td rowspan="3">车刀的安装</td><td>1. 安装正确,高度、角度正确,力度恰当</td><td>10</td><td rowspan="3"></td><td rowspan="8"></td></tr>
<tr><td>2. 安装正确,高度正确,角度恰当</td><td>5</td></tr>
<tr><td>3. 安装错误</td><td>0</td></tr>
<tr><td rowspan="4">2</td><td rowspan="4">倒顺车车削外螺纹</td><td>1. 过程正确熟练,螺距正确,环规检测尺寸正确,表面粗糙度较好</td><td>90</td><td rowspan="4"></td></tr>
<tr><td>2. 过程正确,螺距正确,通规不能过,修整后正确,表面粗糙度尚可</td><td>70</td></tr>
<tr><td>3. 过程基本完成,螺距正确,尺寸错误且不能修正</td><td>50</td></tr>
<tr><td>4. 过程明显错误</td><td>0</td></tr>
<tr><td colspan="4">合　计</td><td></td></tr>
</table>

思考

车削螺纹过程中如果小滑板尺寸变化会对车削结果有怎样的影响?

项目十二

车削综合工件一

项目目标

1. 掌握正确制订加工工艺的方法。
2. 会使用量具检验各尺寸并控制尺寸精度。

项目描述

根据所学技能完成图 1-12-1 所示工件（工艺卡片见 82 页卡片五）。

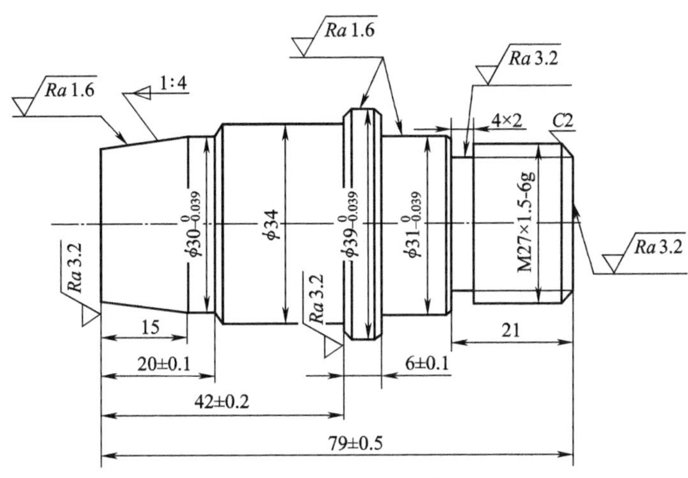

图 1-12-1　车削综合工件（一）

车削流程如下：

装夹工件→车削 φ39、φ34、φ30 外圆面→车削 1/4 圆锥→调头→车削 φ31 外圆面→车削 M27 ×1. 5 大径→车削 4 ×2 外沟槽→车削 M27 ×1. 5 螺纹。

相关知识

本项目主要训练内容为较简单的综合工件加工，是对之前所学的各单项操作技能的综合练习，锻炼学生根据图纸要求完成加工前的准备工作，包括各工具、量具、刃具的准备，准确分析工件尺寸要求，依据工艺卡片完成每一处单项的加工。

项目实施

1. 加工准备

机床：CA6140A 车床；

工件毛坯：ϕ42 ×81 mm；

量具：游标卡尺(0 ~150 mm)、千分尺(25 ~50 mm)、螺纹环规、万能角度尺；

刀具：90°外圆车刀、45°外圆车刀、切槽刀、螺纹刀；

工具：卡盘扳手、刀架扳手、助力管、垫片、铁钩等。

2. 操作步骤(见表 1-12-1)

表 1-12-1 车削综合工件一

步骤	图示	说明
1	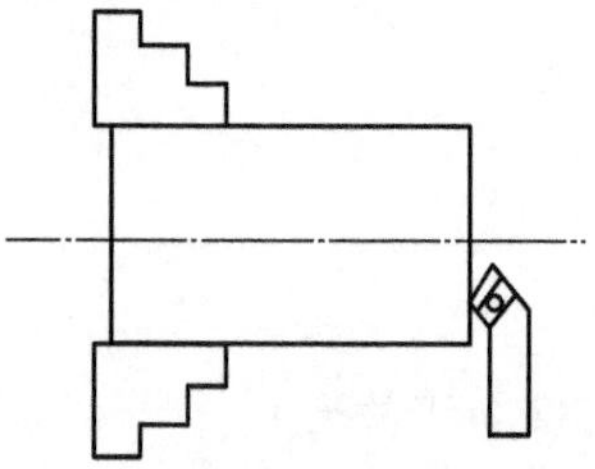	装夹工件→根据图纸要求，工件伸出 50 ~55mm，找正，采用 45°外圆车刀车削工件左侧端面，见光即可
2	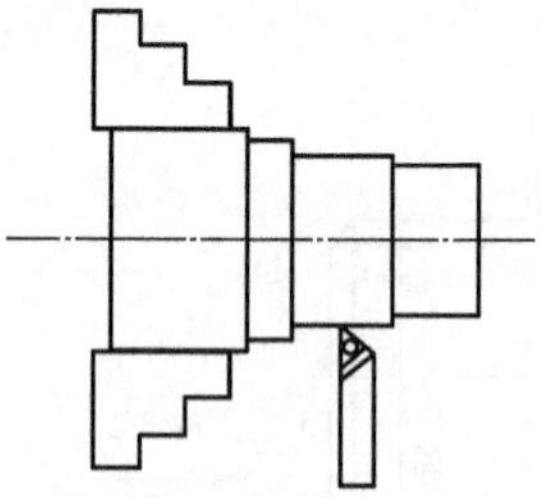	车削左侧阶台：90°外圆车刀依次粗车 ϕ39 ×50、ϕ34 ×42、ϕ30 ×20 外圆面，长度尺寸采用刻线法(可结合床鞍刻度盘)，外圆留 0.5 ~1 mm 精车余量，精车时调整切削用量，依次精车 ϕ39、ϕ34、ϕ30 外圆面并倒角 $C1$
3	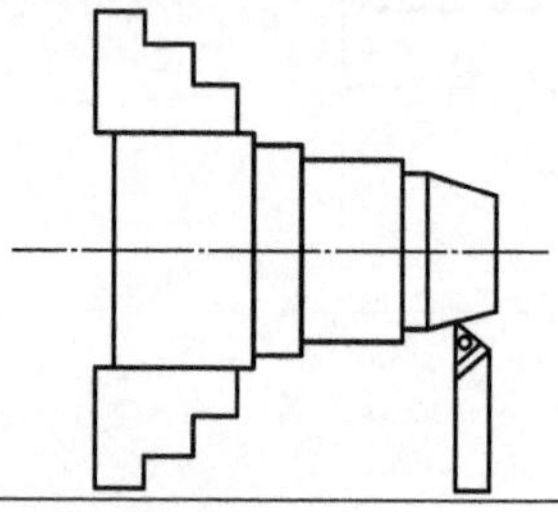	车削外锥面：根据计算得出圆锥半角 $\alpha/2 = 7°10'$，根据所学车削外锥体知识粗、精车外锥体至合格，用万能角度尺检测
4	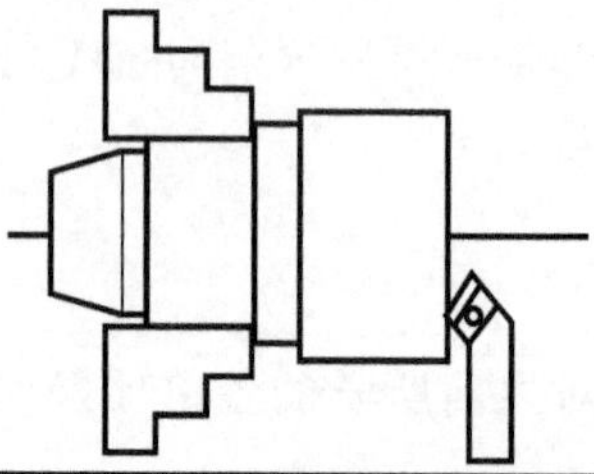	调头：调头装夹 ϕ34 外圆，为了保证定位准确，可将 ϕ39 端面靠在卡爪上，找正；车削工件右侧端面并控制总长尺寸

续表

步骤	图　示	说　明
5	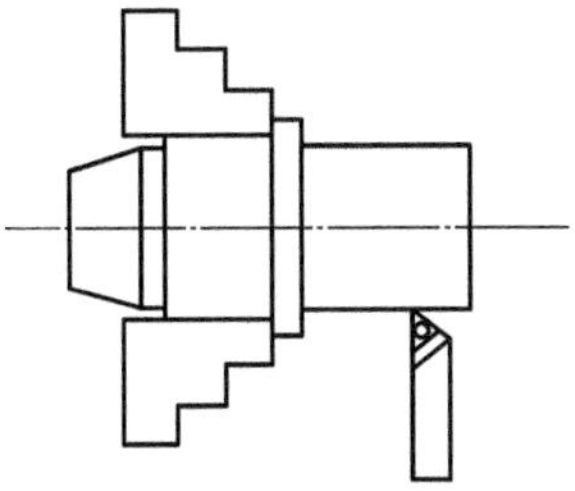	车削右侧外圆 $\phi31$：车削右侧外圆 $\phi31$，控制出 6 mm 处尺寸。粗精车步骤参照第二步，倒角 $C1$
6	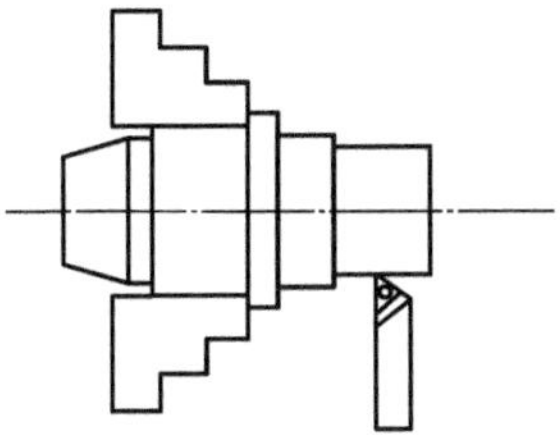	车削螺纹大径：根据螺纹知识计算得出 M27×1.5 螺纹实际大径为 26.8 mm，车削 $\phi26.8$ mm 外圆
7	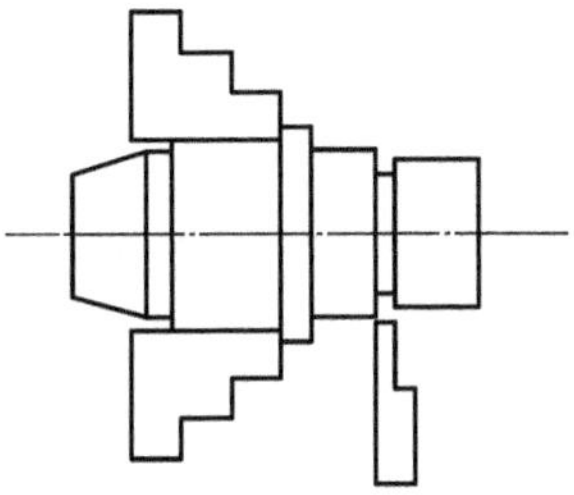	车削退刀槽：换切槽刀，根据切槽知识车削 4×2 外沟槽
8	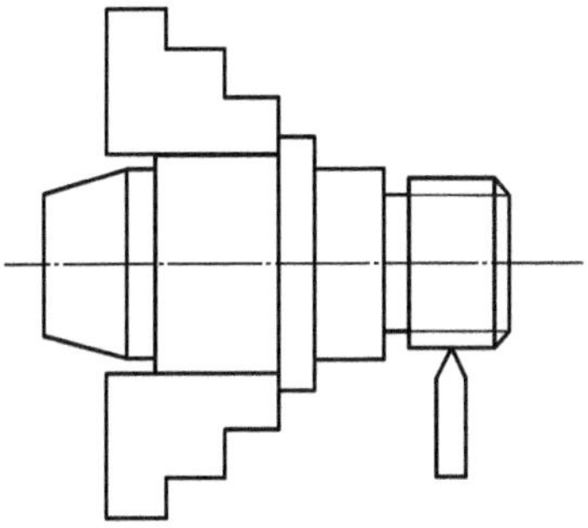	车削螺纹：倒角 $C2$，根据所学知识车削 M27×1.5 外螺纹，用环规控制螺纹中径尺寸，如果螺纹牙顶有毛刺可用切槽刀或锉刀修光，全部结束后检查无误后取下工件

3. 注意事项

车削图 1-12-1 所示工件，注意以下事项：

（1）车削第一端端面时注意背吃刀量不要过大，粗车时为提高效率可使用游标卡尺测量，精车时使用千分尺测量。长度尺寸可使用小滑板控制。

（2）车削锥面时注意校正锥度，校正过程在粗车环节完成。

（3）车削 $\phi31$ 外圆时注意控制长度 6 mm 尺寸，切勿进刀过大。车削螺纹大径时可用游标卡尺测量。

(4)车削退刀槽时注意修光槽底,可降低转速慢慢将槽底光出。

(5)车削螺纹时注意分配每刀进刀量,最后几刀降低转速以保证螺纹牙两侧表面粗糙度。

项目评价

通过技能学习,依据质量检测表(见附录B:表B-4)对完成工件进行评价。

思考

如何提高加工效率?

项目十三 车削通孔

项目目标

1. 掌握内孔刀的安装方法。
2. 掌握使用内孔刀车削通孔的方法。

项目描述

根据所学技能完成图1-13-1所示工件。

图示工件为套类工件，加工时采用先钻后车的方法。车削流程如下：

装夹工件→车削端面→钻 $\phi28$ 孔→车削 $\phi28$ 内孔→倒角。

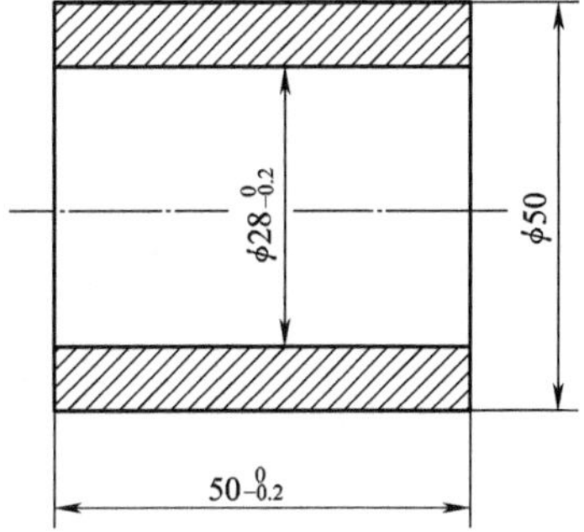

图1-13-1　车削通孔

相关知识

套筒、轴承座、齿轮、带轮等带有孔的工件一般称为套类工件，套类工件在机器零件中应用十分广泛，它的主要作用是支承、导向、连接以及和轴组成精密的配合，车削内孔一般包括车削通孔和车削盲孔，加工实心轴的内孔一般采用“先钻后车”，即先用麻花钻钻孔留加工余量，再用内孔车刀车削。工件上的锻造孔、铸造孔或用钻头钻出来的孔，为了达到所需要的精度和表面粗糙度的要求还需要车孔（又称镗孔），车孔可以作为粗加工，也可以作为精加工。

车内孔的关键是解决内孔车刀的刚性和排屑问题，内孔车刀的刚性主要通过增加刀杆的截面积和尽可能缩短刀杆伸出的长度来增加。本项目的训练内容主要是车削通孔。

项目实施

1. 加工准备

机床：CA6140A 车床；

工件毛坯：$\phi40\times50$ mm；

量具:游标卡尺(0 ~ 150 mm)、内径千分尺(25 ~ 50 mm);

刀具:内孔车刀、45°外圆车刀;

工具:卡盘扳手、刀架扳手、助力管、垫片、铁钩等。

2. 操作步骤

车削通孔部分操作步骤,见表 1-13-1。

表 1-13-1 车削螺纹部分操作步骤

步骤	图示	说明
1	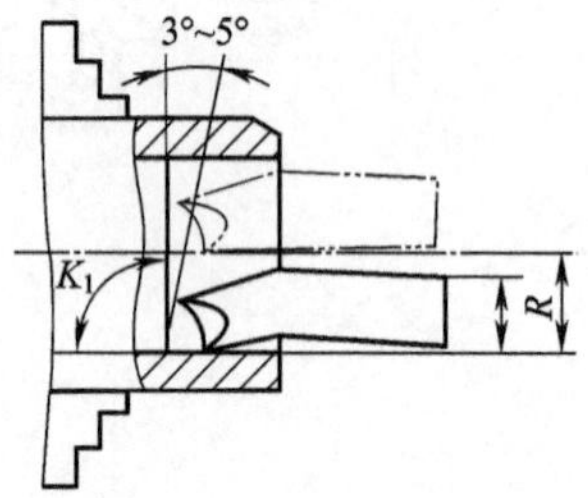 3°~5° K_1 R	将外圆车刀、内孔车刀安装于刀架上,并对准工件的旋转中心(因内孔刀在车削过程中受切削力的影响,安装时可以使内孔刀刀尖高度稍高于工件中心);开车前将内孔刀摇进孔内,注意观察刀柄或刀架是否会碰到工件,如果会碰到则需要调整
2	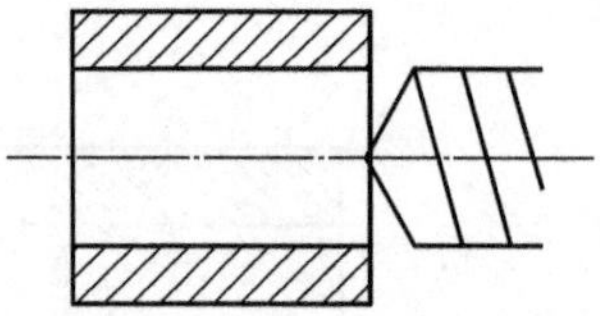	使用中心钻钻出中心孔,然后使用 $\phi25$ 麻花钻钻出 $\phi25$ 通孔
3	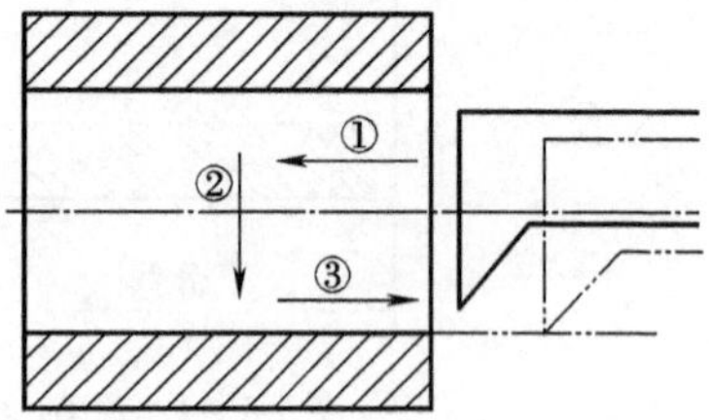 ① ② ③	开车对刀,将车刀深入孔内靠外侧位置(图示①),使刀尖轻触内壁(图示②),然后将车刀纵向退出(图示③)
4	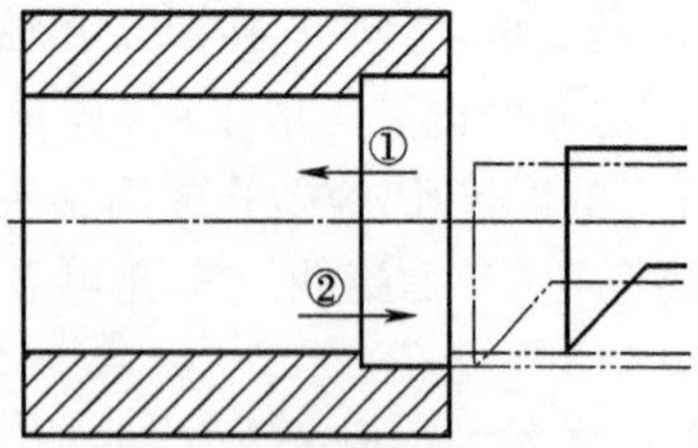 ① ②	中滑板适当横向进刀(注意此时的“进刀”指中滑板向操作者方向移动,这与车削外圆时进刀方向相反),纵向车削 10 mm 长度左右(图示①),向右纵向退出车刀(图示②)
5	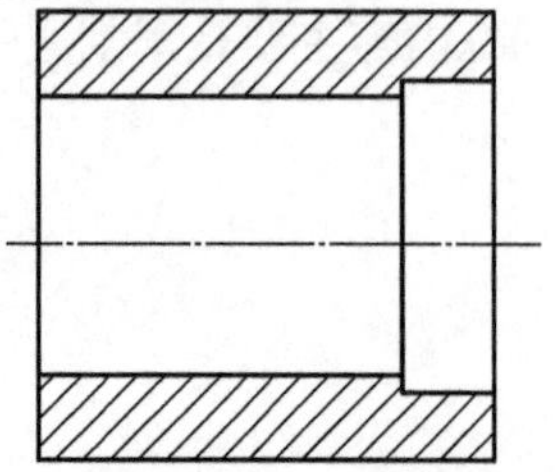	停止主轴转动,根据加工精度选择相应测量工具,使用量具测量切削部分内孔尺寸,根据测量结果和图纸要求尺寸计算出中滑板进刀刻度,准确进刀,注意中滑板移动方向

续表

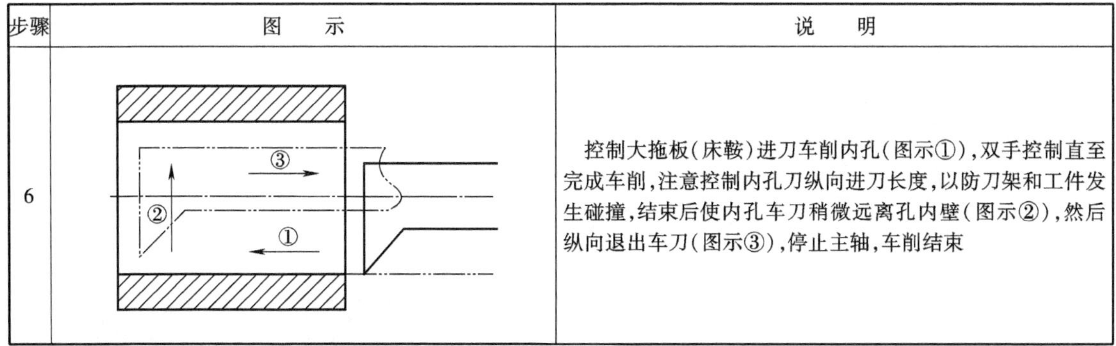

步骤	图　示	说　明
6	③ ② ①	控制大拖板(床鞍)进刀车削内孔(图示①),双手控制直至完成车削,注意控制内孔刀纵向进刀长度,以防刀架和工件发生碰撞,结束后使内孔车刀稍微远离孔内壁(图示②),然后纵向退出车刀(图示③),停止主轴,车削结束

3. 注意事项

车削图 1-13-1 所示工件时,应注意以下事项:

(1)受内孔刀刀杆直径限制,车削过程中内孔刀刀尖受径向切削力影响会使刀尖向下偏移,所以内孔刀安装时可以稍高于工件旋转中心。

(2)车削过程中要注意中滑板进刀、退刀与车削外圆时方向相反。

(3)车削内孔时内孔刀伸入长度可以利用床鞍纵向进给刻度盘控制,长度精度不高时也可以在刀杆上做标记从而达到控制切入深度的问题。

(4)车削结束后,为避免“让刀”现象划伤工件,应使内孔车刀稍微远离孔内壁,然后纵向退出车刀,注意此过程不要碰到另外一侧内壁。

项目评价

通过技能学习,依据质量检测表(见附录 B:表 B-5)对完成工件进行评价。

思考

如何避免“让刀”现象?

项目十四

车削综合工件二

项目目标

1. 掌握根据所学知识自主完成中等复杂零件的车削。
2. 会使用量具检验各尺寸并控制尺寸精度。
3. 掌握提高工作效率的方法。

项目描述

根据所学技能完成图 1-14-1 所示工件(工艺卡片见工艺卡片篇卡片六)。

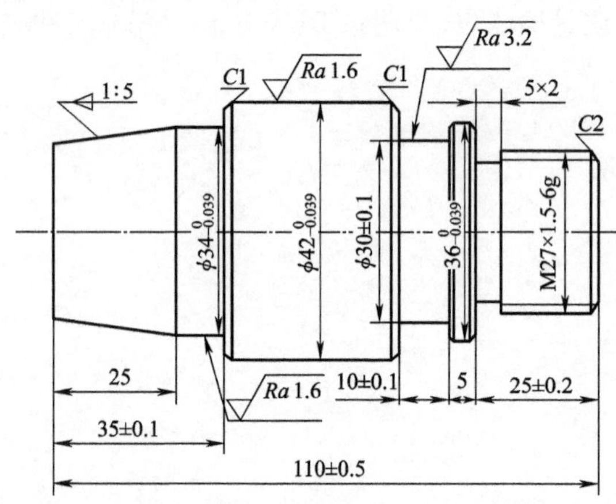

图 1-14-1　车削综合工件二

车削流程如下:

装夹工件→车削 $\phi42$、$\phi34$ 外圆面→车削锥度 1∶5 的圆锥→调头→车削 $\phi36$ 外圆面→车削M27 ×1.5 大径→车削宽槽、车削 4 ×2 外沟槽→车削 M27 ×1.5 螺纹。

相关知识

本项目训练内容为中等复杂难度的综合轴加工,在不依据机械加工作业指导书的前提下,完成加工工艺的制订，确定加工工序。制订出合理的装夹方案，在按照要求完成工件的同时，提高工作效率。

1. 加工准备

机床：CA6140A 车床；

工件毛坯：ϕ45 × 112 mm；

量具：游标卡尺（0 ~ 150 mm）、千分尺（25 ~ 50 mm）、螺纹环规、万能角度尺；

刀具：90°外圆车刀、45°外圆车刀、切槽刀、螺纹刀；

工具：卡盘扳手、刀架扳手、助力管、垫片、铁钩等。

2. 操作步骤（见表 1-14-1）

表 1-14-1　车削综合工件操作步骤说明

步骤	图　示	说　明
1		装夹工件：根据图纸要求，工件伸出 75 ~ 80 mm，找正，45°外圆车刀车削工件左侧端面，见光即可
2		车削左侧阶台：90°外圆车刀依次粗车 ϕ42、ϕ34 × 35 外圆面，长度尺寸采用刻线法（可结合床鞍刻度盘），外圆留 0.5 ~ 1 mm 精车余量，精车时调整切削用量，依次精车 ϕ39、ϕ34 外圆面并倒角 $C1$
3		车削外锥面：根据计算得出圆锥半角 $\alpha/2 = 7°10'$，根据所学车削外锥面知识粗、精车外锥面至合格，采用万能角度尺检测
4		调头：调头装夹 ϕ42 外圆，找正；车削工件右侧端面并控制总长尺寸

续表

步骤	图示	说明
5	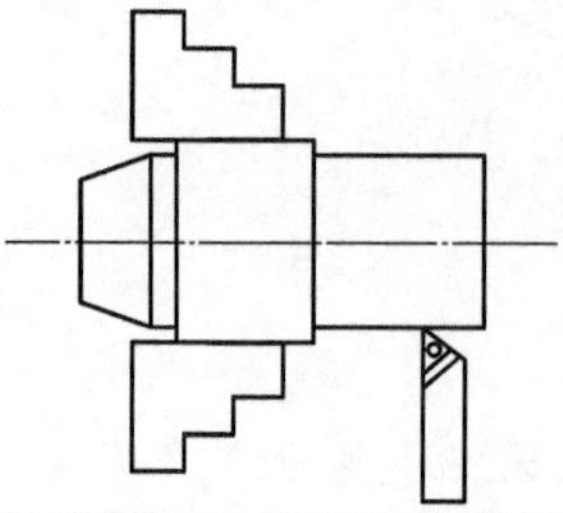	车削右侧外圆 $\phi36$：车削右侧外圆 $\phi36$，粗精车步骤参照第二步，倒角 $C1$
6	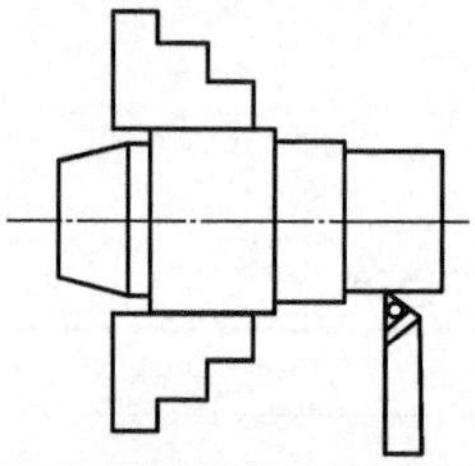	车削螺纹大径：根据螺纹知识计算得出 M27×1.5 螺纹实际大径为 26.8 mm，车削 $\phi26.8$ 外圆
7	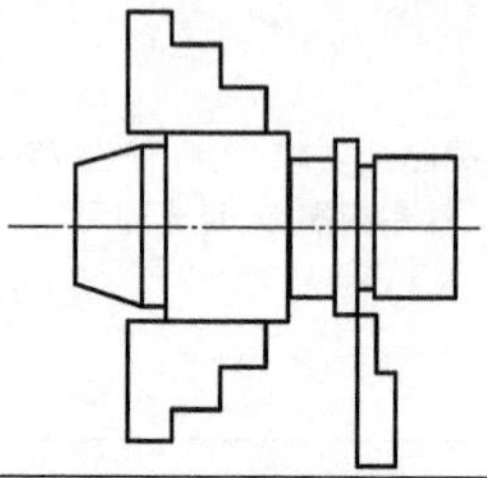	车削外沟槽：换切槽刀，根据切槽知识粗，精车宽度为 10 mm 的宽槽，车削 4×2 外沟槽
8	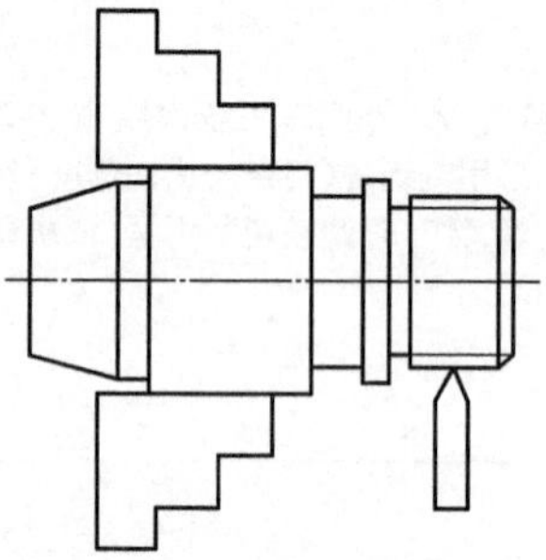	车削螺纹：倒角 $C2$，根据所学知识车削 M27×1.5 外螺纹，用环规控制螺纹中径尺寸，如果螺纹牙顶有毛刺可用切槽刀或锉刀修光，全部结束后检查无误后取下工件

3. 注意事项

车削图 1-14-1 所示工件，注意以下事项：

(1)车削宽槽时注意槽的轴向位置准确，车槽时注意修光槽底，可降低转速慢慢将槽底光出。

(2)车削螺纹时注意分配每刀进刀量，最后几刀降低转速以保证螺纹牙两侧表面粗糙度。

项目评价

通过技能学习，依据质量检测表(见附录 B：表 B-6)对完成工件进行评价。

思考

如何提高加工效率?

本篇内容主要以制作可供车床加工的、与生活有关的工艺品为主，共包含三个项目。在经过了上一篇的基本技术的学习之后，同学们基本掌握了车床的基本操作技术，那么可不可以利用学到的技术加工一些有意思的作品呢?

项目十五

哑铃的制作

项目目标

1. 根据所学知识正确制订加工工艺。
2. 会使用量具检验各尺寸并控制尺寸精度。
3. 学会正确安装各零件。

加工准备

根据掌握知识,给出加工需要的工具、量具、刀具,填写在以下空白处:

(1)工具——

(2)量具——

(3)刀具——

工艺制订

根据掌握知识,制订合理的加工工艺。

答:

零件图纸

车工作品如图 2-15-1 至图 2-15-4 所示。

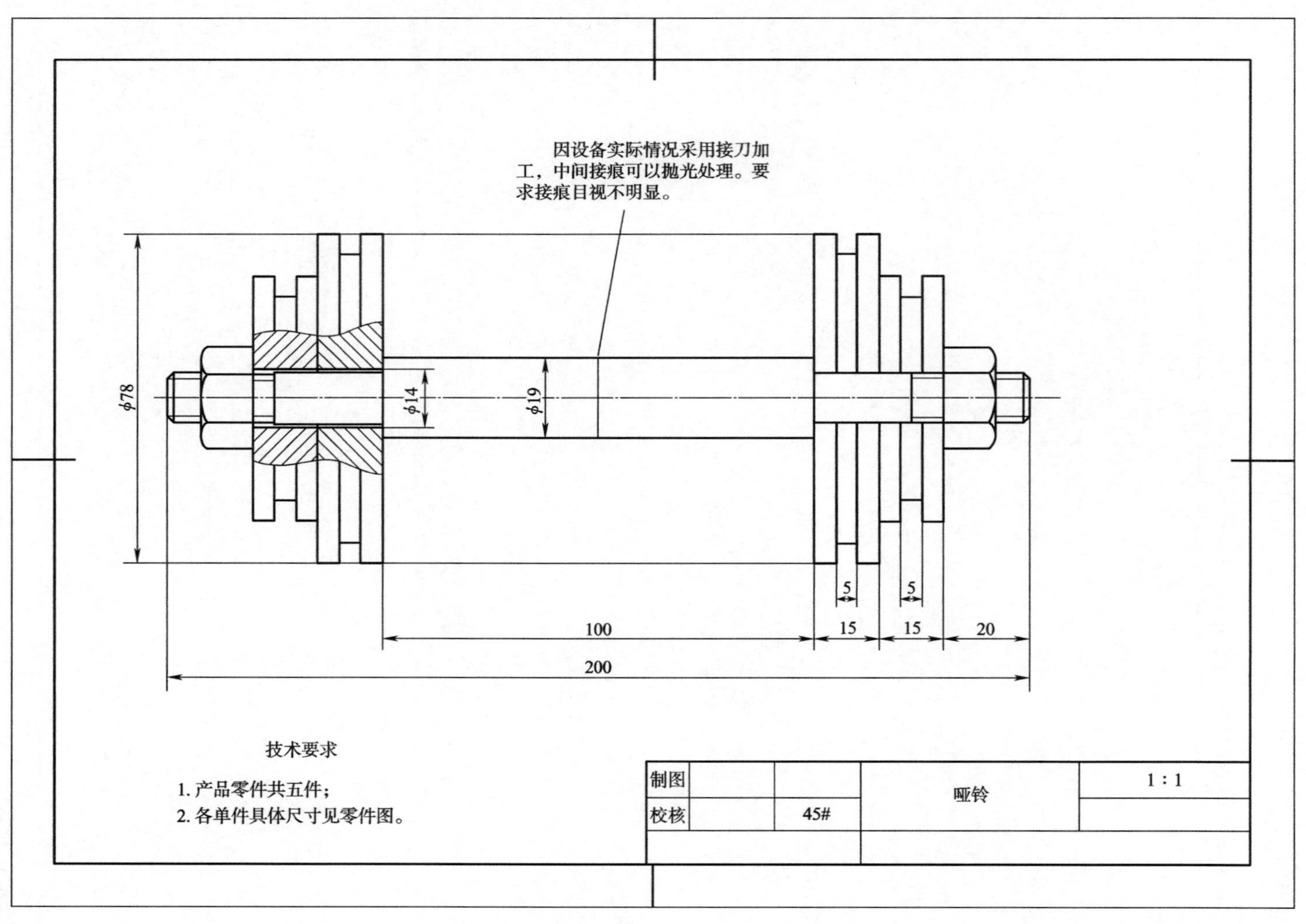

图2-15-1 车工作品图纸（一）

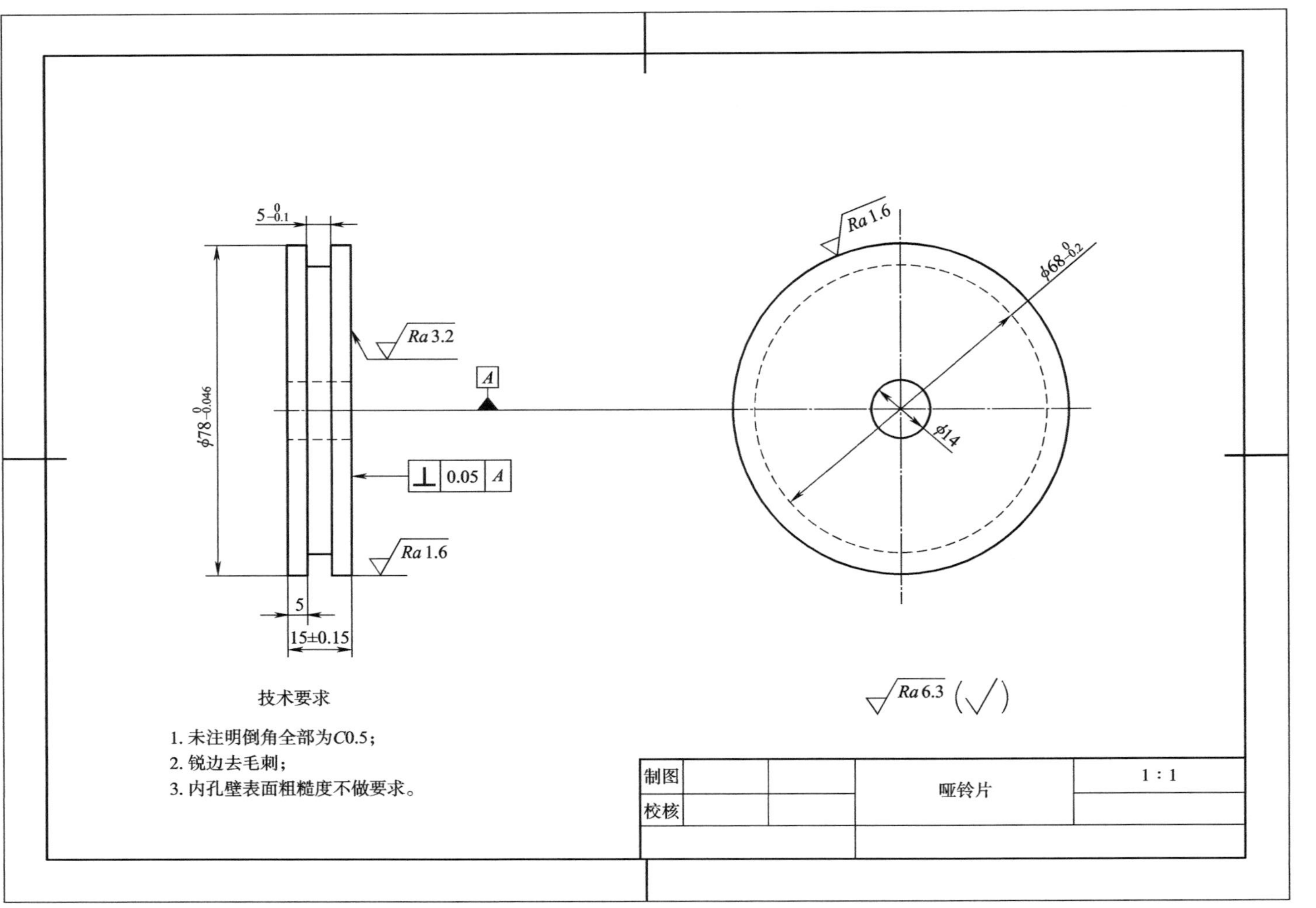

图2-15-2　车工作品图纸（二）

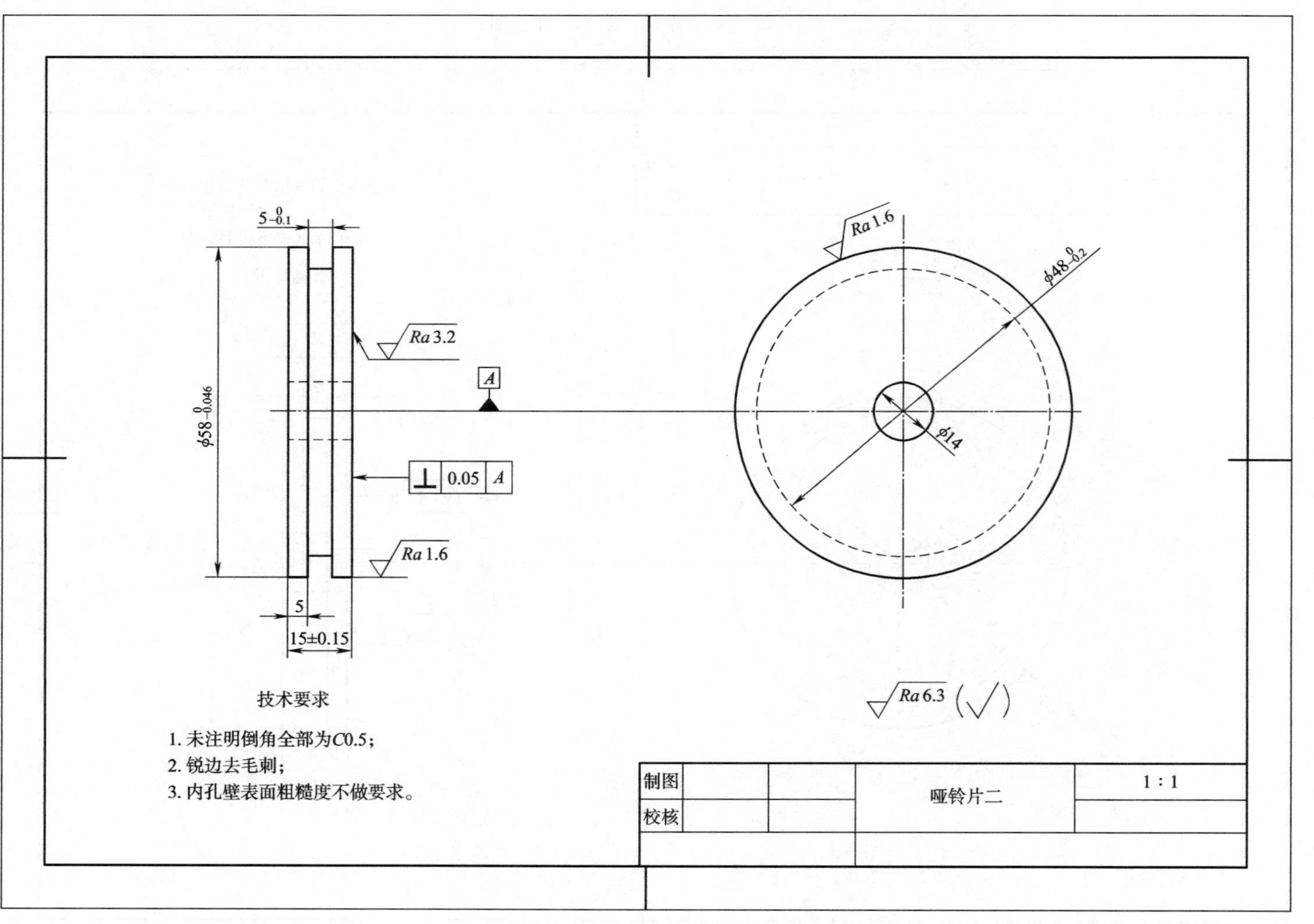

图2-15-3　车工作品图纸（三）

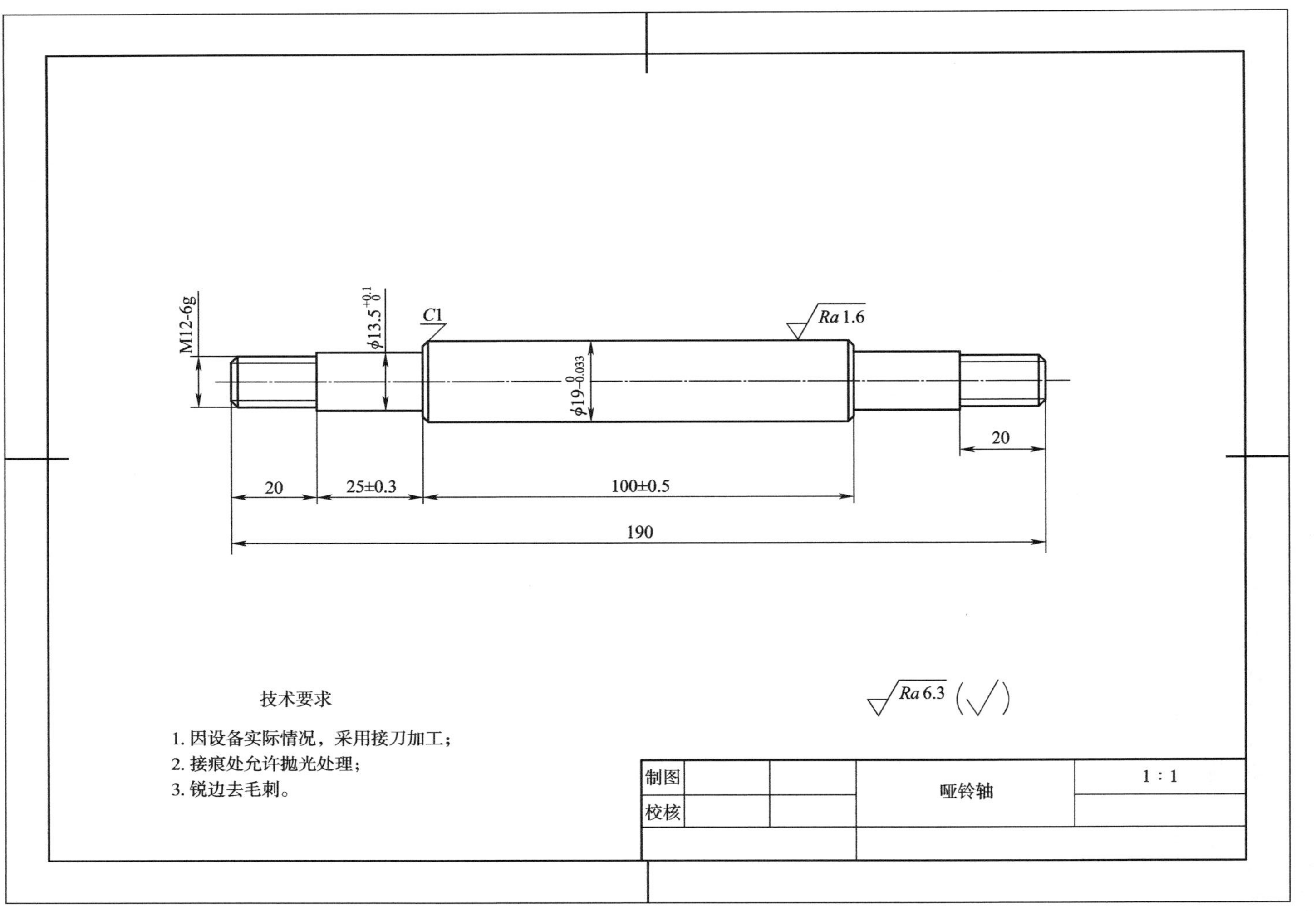

图2-15-4　车工作品图纸（四）

实训总结

根据作品的整个完成过程，加工准备→工艺制订→加工→完成作品，写一写自己的心得体会（本作品评分标准表见附录B：表B-7）。

学生签名：

项目十六

创意笔筒的制作

项目目标

1. 根据所学知识正确制订加工工艺。
2. 会使用量具检验各尺寸并控制尺寸精度。

加工准备

根据掌握知识，给出加工需要的工具、量具、刀具，填写在以下空白处：

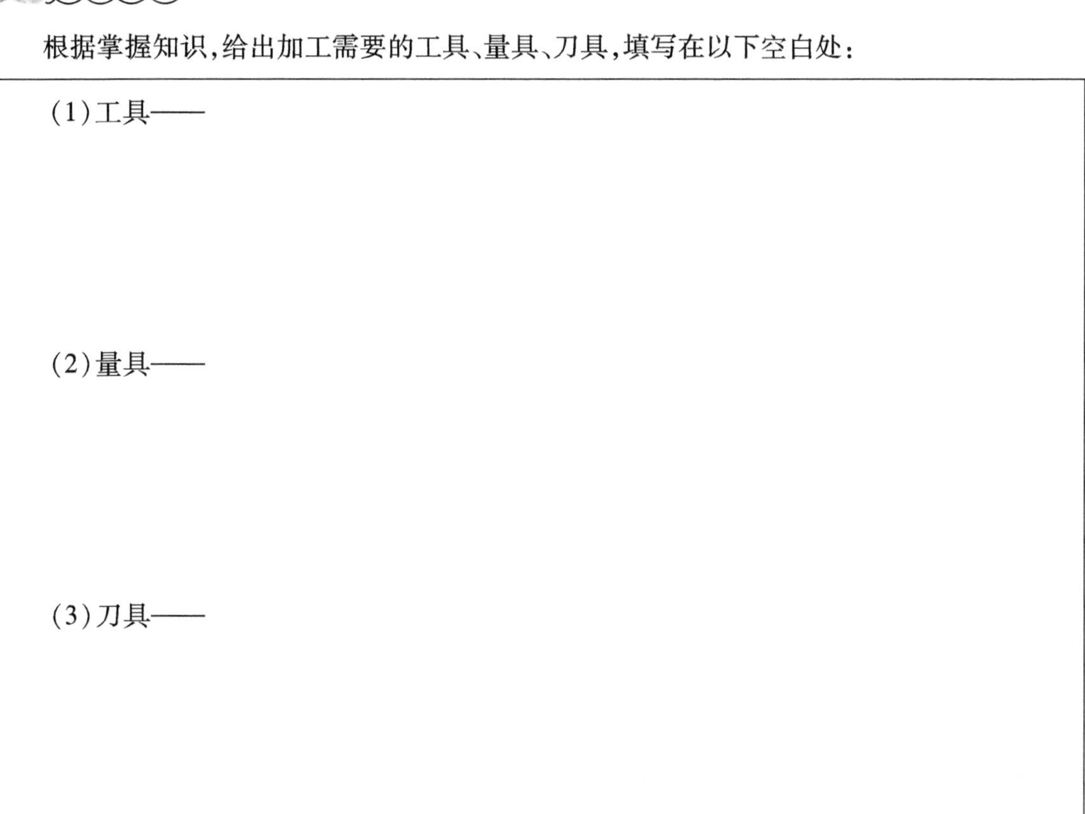

工艺制订

根据掌握知识,制订合理的加工工艺。

答:

零件图纸

创意笔筒如图 2-16-1、图 2-16-2 所示。

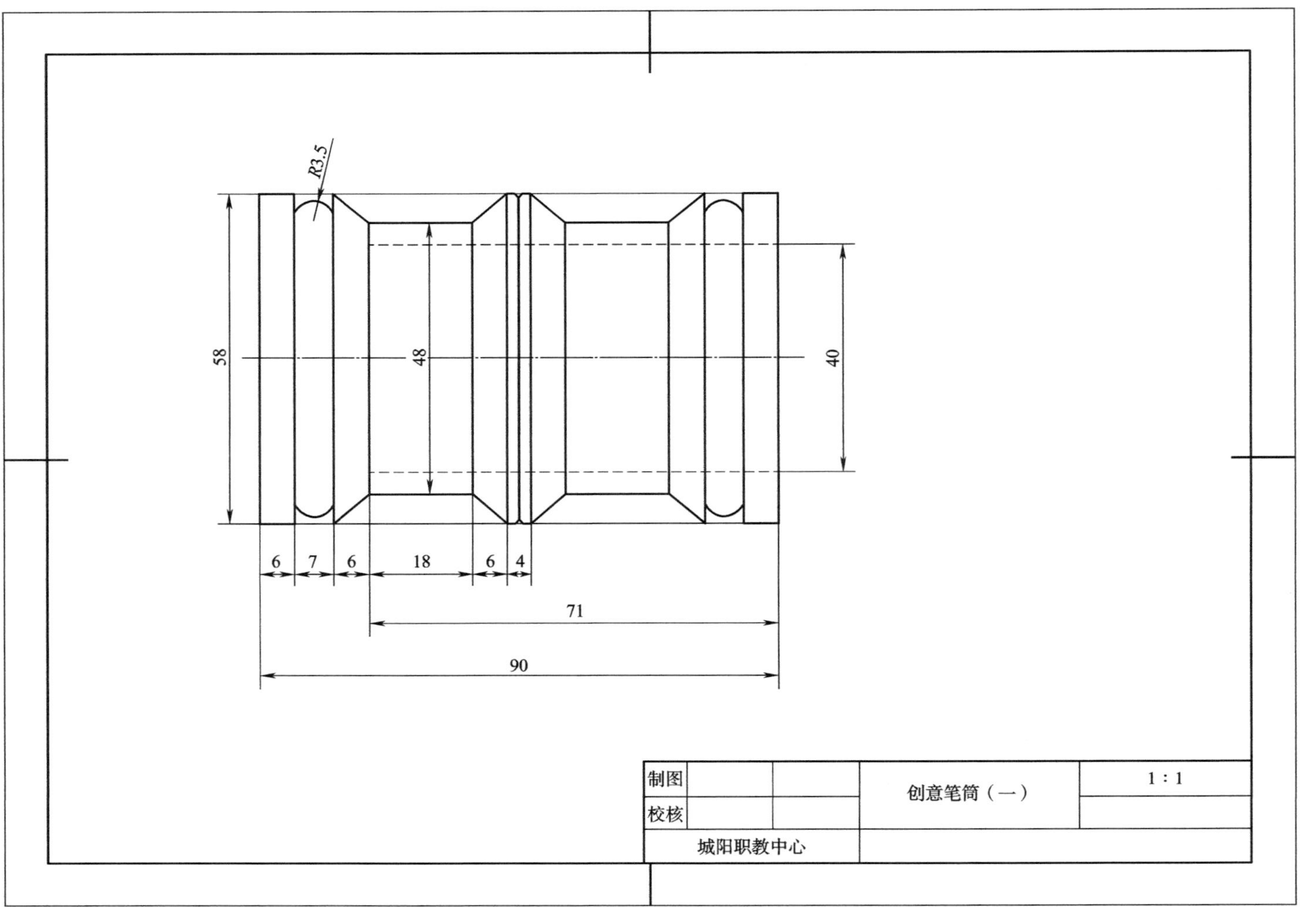

图2-16-1　创意笔筒（一）

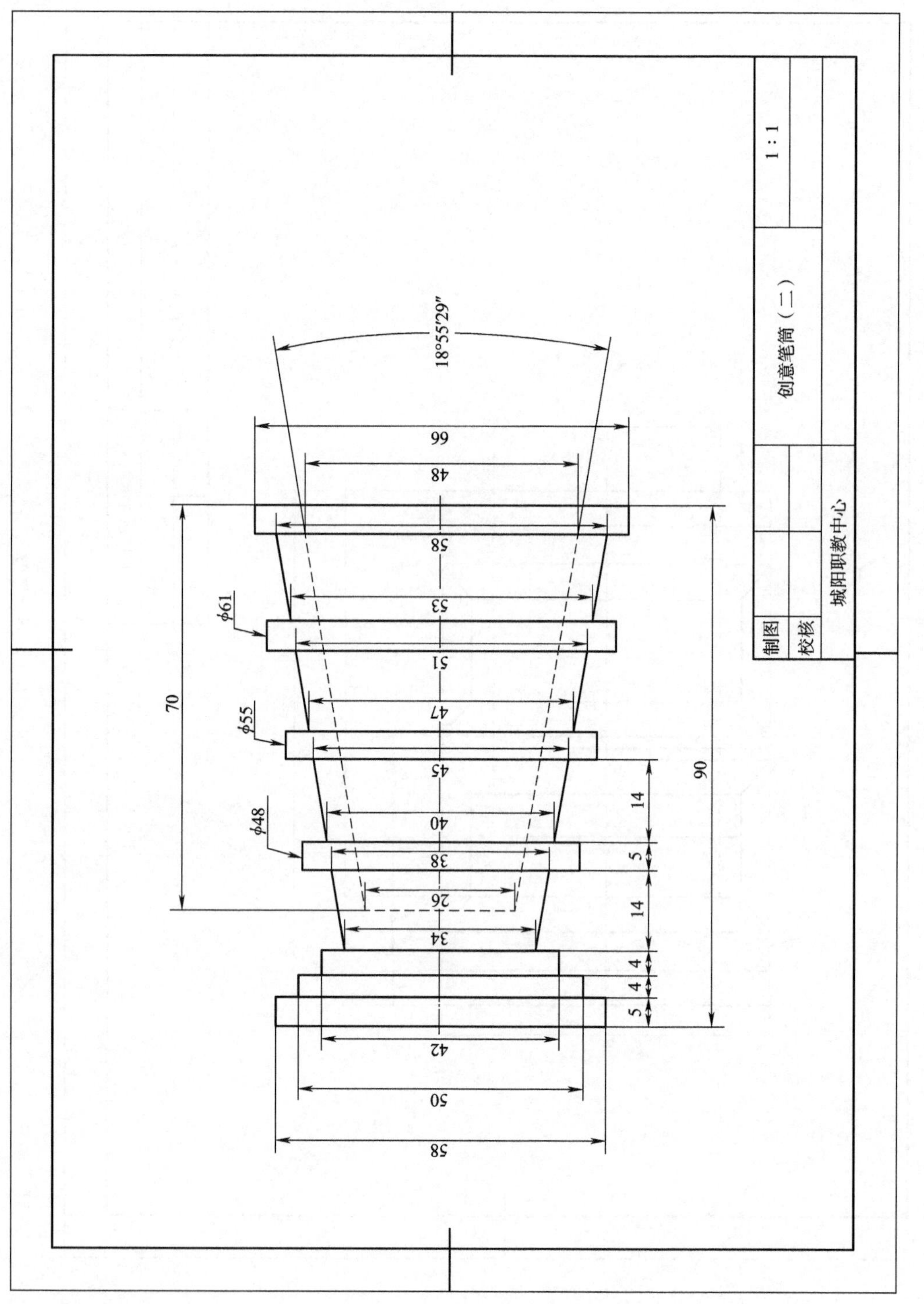
18°55′29″
66
48
58
53
51
47
45
40
38
26
34
42
50
58
φ61
φ55
φ48
70
90
14
5
14
4
4
5
1:1
创意笔筒（二）
制图
校核
城阳职教中心

图2-16-2 创意笔筒（二）

实训总结

根据作品的整个完成过程，加工准备→工艺制订→加工→完成作品，写一写自己的心得体会。

学生签名：

项目十七

高脚酒杯的制作

项目目标

1. 根据所学知识正确制订加工工艺。
2. 会使用量具检验各尺寸并控制尺寸精度。

加工准备

根据掌握知识,给出加工需要的工具、量具、刀具,填写在以下空白处。

(1)工具——

(2)量具——

(3)刀具——

工艺制订

根据掌握知识,制订合理的加工工艺。

答:

零件图纸

高脚酒杯如图 2-17-1 所示。

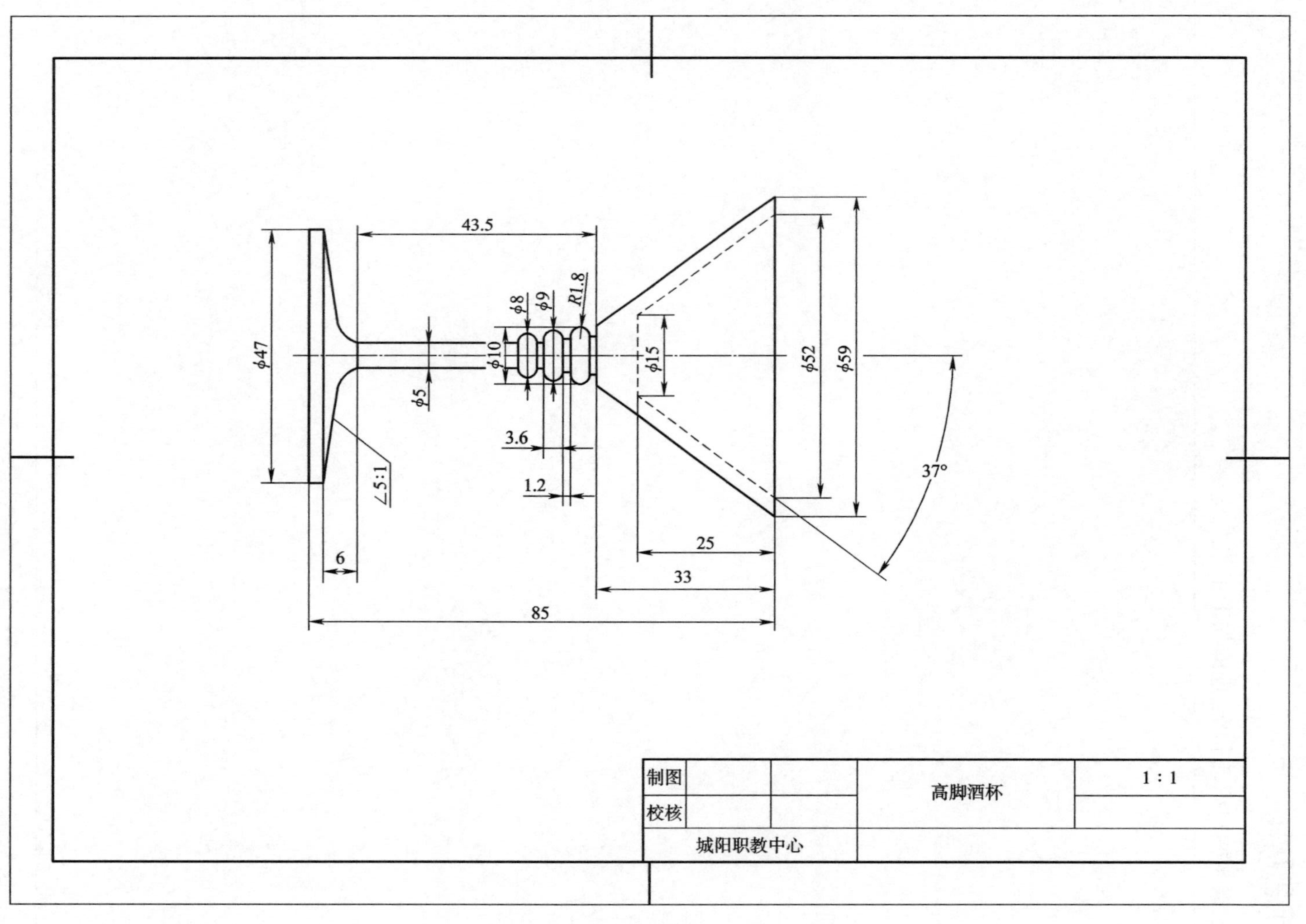

图2-17-1 高脚酒杯图纸

实训总结

根据作品的整个的完成过程，从加工准备→工艺制定—加工到完成作品，写一写自己的心得体会。

学生签名：

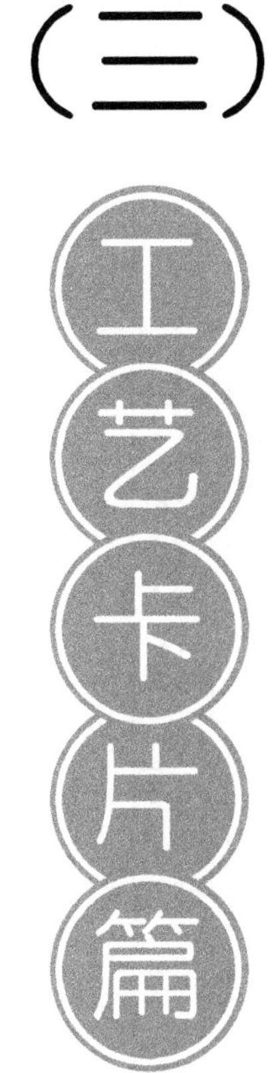

本篇内容共包含基本技术篇部分图纸及工艺卡片，涉及的工艺卡片形式主要来自校企合作的相关企业，目的是使学生在校内学习的过程中，能提前接触到企业生产一线的相关生产资料，提前对接，为学生的实习就业打下基础。

卡片一　阶台轴车削工艺卡片

青岛城阳职教中心	机械加工项目零件图	零件名称	阶台轴1	零件材质	45钢	
		夹具名称	通用硬爪	项目编号		

工艺流程：①粗、精车端面→②粗、精车 $\phi38\times40$外圆→③粗、精车 $\phi30\times15$外圆→④终检

工序号码		工序名称		设备名称	普通车床	加工时间	1课时	件数/班			共1页	第1页

C1　$Ra\,3.2$　C1　$\phi38_{-0.039}^{\ 0}$　$\phi30_{-0.039}^{\ 0}$　$Ra\,3.2$　$Ra\,1.6$　15　40

工量刀具清单

序号	名称	规格	单位	数量
量具	游标卡尺	0~150 mm	把	1
	千分尺	25~50 mm	把	1
				1
刀具	外圆车刀	90°	把	1
工具	卡盘扳手	通用	把	1
	刀架扳手	通用	把	1
	助力管		支	1
	铁钩		个	1
	垫片		块	若干

项目简介

台阶轴是生产实践中常见的工件外形，因此，台阶的车削是每个同学应熟练掌握的技术，尤其是台阶长度的控制，是重点掌握的内容。该零件结构简单，有两个台阶面，公差均为 $\phi0.05$ mm，精度要求较高。因此加工时应分粗、精加工阶段。

材料为45钢，该钢冷塑性一般，退火、正火比调质时要稍好，具有较高的强度和较好的切削加工性，经适当的热处理以后可获得一定的韧性、塑性和耐磨性。

注意事项

1. 调试机床安装工装夹具时一定要校正卡爪夹持部位和定位面。
2. 去除毛坯件上影响定位的高点。
3. 工装内严禁有铁屑，以防妨碍工件定位。
4. 去除所有尖角毛刺。

					编制(日期)	校对(日期)	审核(日期)	批准(日期)
标记	处数	更改文件号	签名	年、月、日				

卡片一(续)

青岛城阳职教中心	机械加工作业指导书	零件名称	台阶轴1	零件材质	45钢	
		夹具名称	通用硬爪	项目编号		

工艺流程：①粗、精车端面→②粗、精车 ϕ38×40外圆→③粗、精车 ϕ30×15外圆→④终检

工序号码	1、2、3	工序名称	车外圆	设备名称	普通车床	加工时间	1课时	件数/班			共1页	第1页

C1　C1　$\phi 38_{-0.039}^{0}$　$\phi 30_{-0.039}^{0}$　15　40

工序质量检测内容

序号	检测项目	测量工具	自检频率
①	ϕ38	千分尺	全部100%（每班记录4件）
②	ϕ30	千分尺	
③	40	游标卡尺	
④	15	游标卡尺	

工步号	工步内容	刀具型号	主轴转速/min	进给量mm/r
1	粗、精车端面	外圆车刀	560	0.1
2	粗车 ϕ38外圆面	外圆车刀	560	0.25
3	粗车 ϕ30外圆面	外圆车刀	560	0.25
4	精车 ϕ38外圆面	外圆车刀	800	0.039
5	精车 ϕ30外圆面	外圆车刀	800	0.039

注意事项

1.调试机床安装工装夹具时一定要校正卡爪夹持部位和定位面。
2.去除毛坯件上影响定位的高点。
3.工装内严禁有铁屑，以防妨碍工件定位。
4. 去除所有尖角毛刺。

标记	处数	更改文件号	签名	年、月、日	编制(日期)	校对(日期)	审核(日期)	批准(日期)

卡片二　沟槽轴车削工艺卡片

青岛城阳职教中心	机械加工项目零件图	零件名称	沟槽轴1	零件材质	45钢
		夹具名称	通用硬爪	项目编号	3

工艺流程：①粗、精车端面→②粗、精车 $\phi35\times35$外圆→③粗、精车外沟槽

工序号码		工序名称		设备名称	普通车床	加工时间	1课时	件数/班			共1页	第1页

工量刀具清单

序号	名称	规格	单位	数量
量具	游标卡尺	0~150 mm	把	1
	千分尺	25~50 mm	把	1
				1
刀具	外圆车刀	90°	把	1
	切槽刀	4 mm	把	1
工具	卡盘扳手	通用	把	1
	刀架扳手	通用	把	1
	助力管		支	1
	铁钩		个	1
	垫片		块	若干

项目简介

在车削加工中，把棒料或工件变成两段（或数段）的加工方法称为切断。一般采用正向切断法，即车床主轴正转，车刀横向进给进行车削。

切断的关键技术是切断刀几何参数的选择、刃磨和选择合理的切削用量。

车削外圆及轴肩部分的沟槽，称为车外沟槽。常见的外圆沟槽有：普通外圆沟槽、45°外圆沟槽、外圆端面沟槽和圆弧沟槽等。

切断刀以横向进给为主，前端的切削刃为主切削刃，两侧的切削刃为副切削刃。一般切断刀的主切削刃较窄，刀体较长，因此刀体强度较差，在选择刀体的几何参数和切削用量时，要特别注意提高切断刀的强度问题。

注意事项

1. 调试机床安装工装夹具时一定要校正卡爪夹持部位和定位面。
2. 去除毛坯件上影响定位的高点。
3. 工装内严禁有铁屑，以防妨碍工件定位。
4. 去除所有尖角毛刺。

标记	处数	更改文件号	签名	年、月、日	编制(日期)	校对(日期)	审核(日期)	批准(日期)

卡片二(续)

青岛城阳职教中心	机械加工作业指导书	零件名称	沟槽轴1	零件材质	45钢
		夹具名称	通用硬爪	项目编号	

工艺流程：①粗、精车端面→②粗、精车 $\phi35\times35$外圆→③粗、精车外沟槽

工序号码	1、2	工序名称	车外圆	设备名称	普通车床	加工时间	1课时	件数/班		共2页	第1页

工序质量检测内容

序号	检测项目	测量工具	自检频率
①	$\phi35$	千分尺	全部100%
②	35	游标卡尺	

工步号	工步内容	刀具型号	主轴转速/min	进给量mm/r
1	粗、精车端面	外圆车刀	450	0.1
2	粗车 $\phi35$外圆面	外圆车刀	450	0.2
3	精车 $\phi35$外圆面	外圆车刀	800	0.1

注意事项

1.调试机床安装工装夹具时一定要校正卡爪夹持部位和定位面。
2.未注明倒角全部为C1。
3.工装内严禁有铁屑，以防妨碍工件定位。
4. 去除所有尖角毛刺。

标记	处数	更改文件号	签名	年、月、日	编制(日期)	校对(日期)	审核(日期)	批准(日期)

卡片二（续）

青岛城阳职教中心	机械加工作业指导书	零件名称	沟槽轴1	零件材质	45钢
		夹具名称	通用硬爪	项目编号	

工艺流程：①粗、精车端面→②粗、精车 $\phi35\times35$外圆→③粗、精车外沟槽

工序号码	3	工序名称	车沟槽	设备名称	普通车床	加工时间	1课时	件数/班		共2页	第2页

7±0.1　4×2　8　17　$\phi27\pm0.1$

工序质量检测内容

序号	检测项目	测量工具	自检频率
①	8	游标卡尺	全部100%
②	17	游标卡尺	
③	$\phi27$	游标卡尺	
④	4×2	游标卡尺	
⑤	7	游标卡尺	

工步号	工步内容	刀具型号	主轴转速/min	进给量mm/r
1	精车4×2外沟槽	切槽刀	180	0.1
2	精车 $\phi27\times7$外沟槽	切槽刀	180	0.2

注意事项

1.调试机床安装工装夹具时一定要校正卡爪夹持部位和定位面。
2.未注明倒角全部为$C1$。
3.工装内严禁有铁屑，以防妨碍工件定位。
4. 去除所有尖角毛刺。

标记	处数	更改文件号	签名	年、月、日	编制(日期)	校对(日期)	审核(日期)	批准(日期)

卡片三　锥体轴车削工艺卡片

青岛城阳职教中心	机 械 加 工 项 目 零 件 图	零件名称	锥体轴1	零件材质	45钢	
		夹具名称	通用硬爪	项目编号		

工艺流程：①粗、精车端面→②粗、精车 $\phi48\times25$外圆→③掉头装夹，粗、精车$\phi38\times35$外圆→④粗、精车1:5外锥体

工序号码		工序名称		设备名称	普通车床	加工时间	1课时	件数/班			共1页	第1页

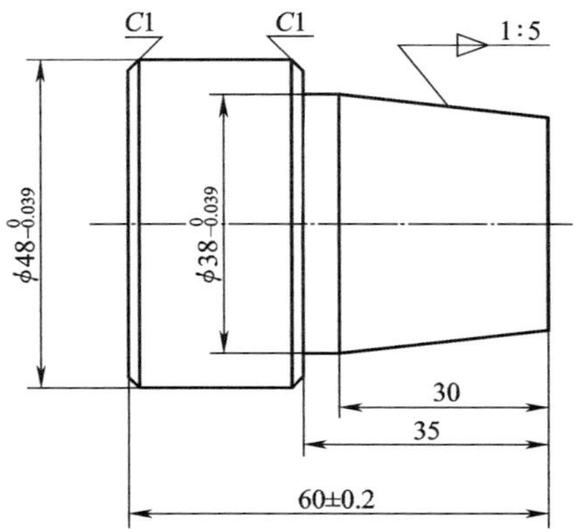

C1　C1　1:5

$\phi48^{\ 0}_{-0.039}$　$\phi38^{\ 0}_{-0.039}$

30　35　60±0.2

工量刀具清单

序号	名称	规格	单位	数量
量具	游标卡尺	0~150 mm	把	1
	千分尺	25~50 mm	把	1
	万能角度尺		把	1
刀具	外圆车刀	90°	把	1
工具	卡盘扳手	通用	把	1
	刀架扳手	通用	把	1
	叉口扳手	16/18	把	1
	助力管		支	1
	铁钩		个	1
	垫片		块	若干

项目简介

直角三角形绕某一直角边旋转一周时，斜边形成的轨迹所包容的几何体就是一个圆锥体。车床若截去圆锥体的顶端部分，就称为圆锥台，是常见的形式。

车削圆锥又分外圆锥面和内圆锥面，分别称作圆锥体和圆锥孔。

注意事项

1.调试机床安装工装夹具时一定要校正卡爪夹持部位和定位面。
2.去除毛坯件上影响定位的高点。
3.工装内严禁有铁屑，以防妨碍工件定位。
4. 去除所有尖角毛刺。

标记	处数	更改文件号	签名	年、月、日	编制(日期)	校对(日期)	审核(日期)	批准(日期)

卡片三(续)

青岛城阳职教中心	机械加工作业指导书	零件名称	锥体轴1	零件材质	45钢
		夹具名称	通用硬爪	项目编号	

工艺流程：①粗、精车端面→②粗、精车ϕ48×25外圆→③掉头装夹，粗、精车ϕ38×35外圆→④粗、精车1∶5外锥体

工序号码	1、2	工序名称	车外圆	设备名称	普通车床	加工时间	1课时	件数/班			共2页	第1页

C1

$\phi 48_{-0.039}^{0}$

25

工序质量检测内容

序号	检测项目	测量工具	自检频率
①	ϕ48	千分尺	全部100%
②	25	游标卡尺	

工步号	工步内容	刀具型号	主轴转速/min	进给量mm/r
1	粗、精车端面	外圆车刀	450	0.1
2	粗车ϕ48外圆面	外圆车刀	450	0.2
3	精车ϕ48外圆面	外圆车刀	800	0.039

注意事项

1. 调试机床安装工装夹具时一定要校正卡爪夹持部位和定位面。
2. 去除毛坯件上影响定位的高点。
3. 工装内严禁有铁屑，以防妨碍工件定位。
4. 去除所有尖角毛刺。

标记	处数	更改文件号	签名	年、月、日	编制(日期)	校对(日期)	审核(日期)	批准(日期)

卡片三(续)

青岛城阳职教中心	机械加工作业指导书	零件名称	锥体轴1	零件材质	45钢	
		夹具名称	通用硬爪	项目编号		

工艺流程：①粗、精车端面→②粗、精车ϕ48×25外圆→③掉头装夹，粗、精车ϕ38×35外圆→④粗、精车1:5外锥体

工序号码	3、4	工序名称	车外圆	设备名称	普通车床	加工时间	1课时	件数/班			共2页	第2页

C1　1:5　$\phi38^{\ 0}_{-0.039}$　30　35

工序质量检测内容

序号	检测项目	测量工具	自检频率
①	ϕ34	千分尺	全部100%
②	30	游标卡尺	
③	35	游标卡尺	
④	1:5	万能角度尺	

工步号	工步内容	刀具型号	主轴转速/min	进给量mm/r
1	粗、精车端面	外圆车刀	450	0.1
2	粗车ϕ34外圆面	外圆车刀	450	0.2
3	精车ϕ34外圆面	外圆车刀	800	0.039
4	粗车1:5外锥	外圆车刀	450	0.2
5	精车1:5外锥	外圆车刀	800	0.1

注意事项

1.调试机床安装工装夹具时一定要校正卡爪夹持部位和定位面。
2.去除毛坯件上影响定位的高点。
3.工装内严禁有铁屑，以防妨碍工件定位。
4. 去除所有尖角毛刺。

标记	处数	更改文件号	签名	年、月、日	编制(日期)	校对(日期)	审核(日期)	批准(日期)

卡片四　螺纹轴车削工艺卡片

青岛城阳职教中心	机械加工项目零件图	零件名称	螺纹轴1	零件材质	45钢	
		夹具名称	通用硬爪	项目编号		

工艺流程：①粗、精车端面→②粗、精车 $\phi27$外圆→③倒角$C2$→④粗、精车外沟槽→⑤粗、精车螺纹

工序号码		工序名称		设备名称	普通车床	加工时间	1课时	件数/班			共1页	第1页

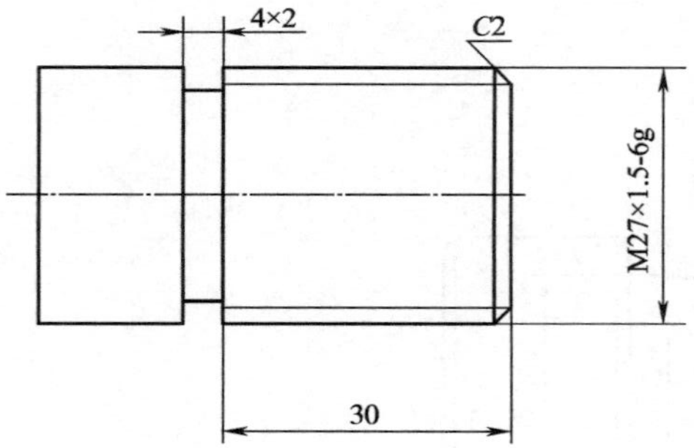

4×2　C2　M27×1.5-6g　30

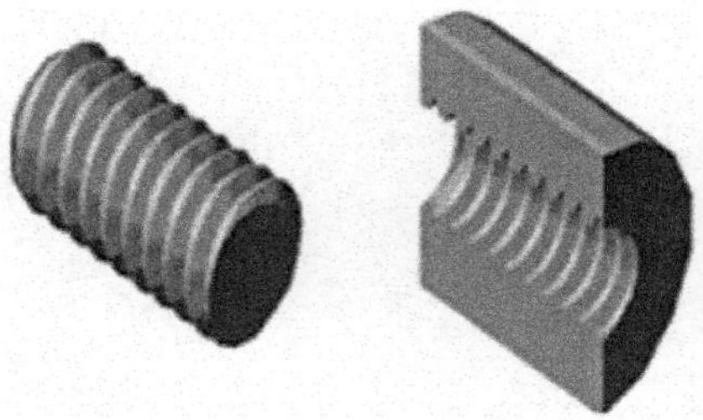

工量刀具清单

序号	名称	规格	单位	数量
量具	游标卡尺	0~150 mm	把	1
	千分尺	25~50 mm	把	1
	环规	M27×1.5	刷	1
刀具	外圆车刀	90°	把	1
	切槽刀	4 mm	把	1
	螺纹刀	普通	把	1
工具	卡盘扳手	通用	把	1
	刀架扳手	通用	把	1
	叉口扳手	16/18	把	1
	助力管		支	1
	铁钩		个	1
	垫片		块	若干

项目简介

在机械加工中，螺纹是在一根圆柱形的轴上（或内孔表面）用刀具或砂轮切削成的，此时工件转一转，刀具沿着工件轴向移动一定的距离，刀具在工件上切出的痕迹就是螺纹。在外圆表面形成的螺纹称外螺纹，在内孔表面形成的螺纹称内螺纹。螺纹的基础是圆柱表面的螺旋线。通常若螺纹的断面为三角形，则称为普通螺纹；断面为梯形称为梯形螺纹；断面为锯齿形称为锯齿形螺纹；断面为方形称为方形螺纹；断面为圆弧形称为圆弧螺纹等。

注意事项

1.调试机床安装工装夹具时一定要校正卡爪夹持部位和定位面。
2.去除毛坯件上影响定位的高点。
3.工装内严禁有铁屑，以防妨碍工件定位。
4. 去除所有尖角毛刺。

标记	处数	更改文件号	签名	年、月、日	编制(日期)	校对(日期)	审核(日期)	批准(日期)

卡片四(续)

青岛城阳职教中心	机械加工作业指导书	零件名称	螺纹轴1	零件材质	45钢	
		夹具名称	通用硬爪	项目编号		

工艺流程：①粗、精车端面→②粗、精车 $\phi27$外圆→③倒角$C2$→④粗、精车外沟槽→⑤粗、精车螺纹

工序号码	1、2、3、4	工序名称	车外圆	设备名称	普通车床	加工时间	1课时	件数/班			共2页	第1页

4×2　C2　$\phi27$

工序质量检测内容

序号	检测项目	测量工具	自检频率
①	$\phi26.8$	游标卡尺	全部100%

工步号	工步内容	刀具型号	主轴转速/min	进给量mm/r
1	粗、精车端面	外圆车刀	450	0.1
2	粗车 $\phi27$外圆面	外圆车刀	450	0.2
3	精车 $\phi26.8$外圆面	外圆车刀	800	0.039
4	倒角	外圆车刀	800	
5	精车外沟槽	切槽刀	180	0.1

注意事项

1. 调试机床安装工装夹具时一定要校正卡爪夹持部位和定位面。
2. 去除毛坯件上影响定位的高点。
3. 工装内严禁有铁屑，以防妨碍工件定位。
4. 去除所有尖角毛刺。

标记	处数	更改文件号	签名	年、月、日	编制(日期)	校对(日期)	审核(日期)	批准(日期)

卡片四(续)

青岛城阳职教中心	机械加工作业指导书	零件名称	螺纹轴1	零件材质	45钢
		夹具名称	通用硬爪	项目编号	

工艺流程：①粗、精车端面→②粗、精车 ϕ27外圆→③倒角C2→④粗、精车外沟槽→⑤粗、精车螺纹

工序号码	5	工序名称	车外圆	设备名称	普通车床	加工时间	1课时	件数/班		共2页	第2页

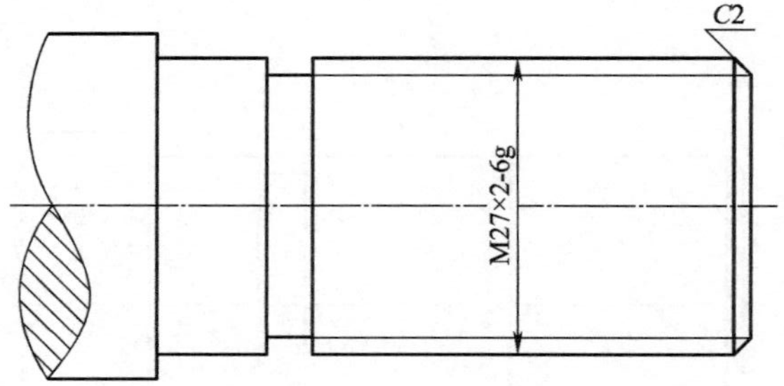

C2

M27×2-6g

工序质量检测内容

序号	检测项目	测量工具	自检频率
①	中径	环规	全部100%

工步号	工步内容	刀具型号	主轴转速/min	进给量mm/r	注意事项
1	粗车M27螺纹	外圆车刀	110	2	1.调试机床安装工装夹具时一定要校正卡爪夹持部位和定位面。 2.去除毛坯件上影响定位的高点。 3.工装内严禁有铁屑，以防妨碍工件定位。 4. 去除所有尖角毛刺。
2	粗车M27螺纹	外圆车刀	110	2	
3	粗车M27螺纹	外圆车刀	110	2	
4	精车M27螺纹	外圆车刀	28	2	
5	精车M27螺纹	外圆车刀	28	2	

标记	处数	更改文件号	签名	年、月、日	编制(日期)	校对(日期)	审核(日期)	批准(日期)

卡片五　综合工件一车削工艺卡片

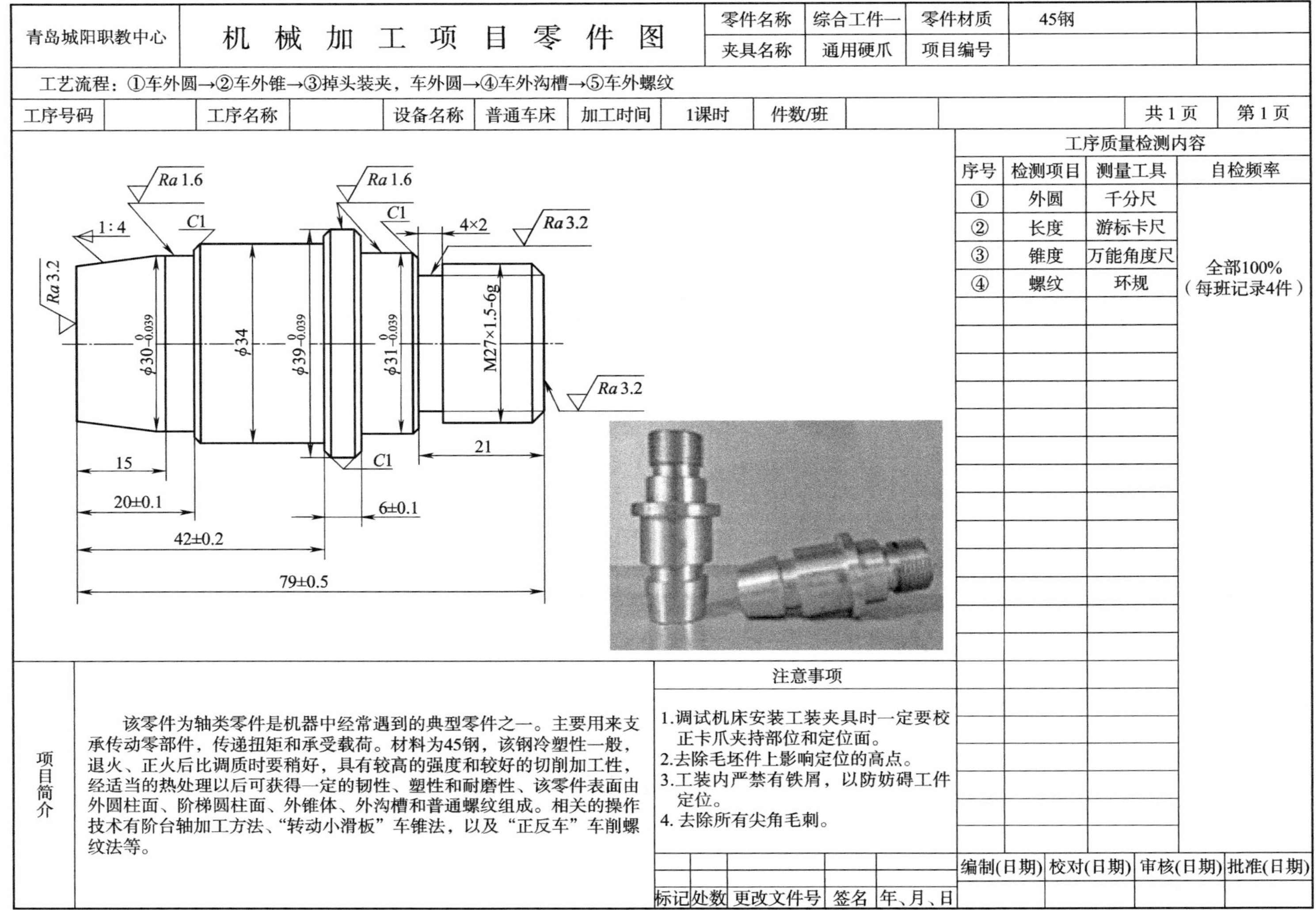

青岛城阳职教中心	机械加工项目零件图	零件名称	综合工件一	零件材质	45钢	
		夹具名称	通用硬爪	项目编号		

工艺流程：①车外圆→②车外锥→③掉头装夹，车外圆→④车外沟槽→⑤车外螺纹

工序号码		工序名称		设备名称	普通车床	加工时间	1课时	件数/班			共1页	第1页

工序质量检测内容

序号	检测项目	测量工具	自检频率
①	外圆	千分尺	全部100%（每班记录4件）
②	长度	游标卡尺	
③	锥度	万能角度尺	
④	螺纹	环规	

项目简介

该零件为轴类零件是机器中经常遇到的典型零件之一。主要用来支承传动零部件，传递扭矩和承受载荷。材料为45钢，该钢冷塑性一般，退火、正火后比调质时要稍好，具有较高的强度和较好的切削加工性，经适当的热处理以后可获得一定的韧性、塑性和耐磨性、该零件表面由外圆柱面、阶梯圆柱面、外锥体、外沟槽和普通螺纹组成。相关的操作技术有阶台轴加工方法、“转动小滑板”车锥法，以及“正反车”车削螺纹法等。

注意事项

1. 调试机床安装工装夹具时一定要校正卡爪夹持部位和定位面。
2. 去除毛坯件上影响定位的高点。
3. 工装内严禁有铁屑，以防妨碍工件定位。
4. 去除所有尖角毛刺。

标记	处数	更改文件号	签名	年、月、日	编制(日期)	校对(日期)	审核(日期)	批准(日期)

卡片五(续)

青岛城阳职教中心	机械加工作业指导书	零件名称	综合工件一	零件材质	45钢
		夹具名称	通用硬爪	项目编号	

工艺流程：①车外圆→②车外锥→③掉头装夹，车外圆→④车外沟槽→⑤车外螺纹

工序号码	1	工序名称	车外圆	设备名称	普通车床	加工时间	30 min	件数/班		共5页	第1页

Ra 1.6
C1
Ra 1.6
C1
Ra 1.6
$\phi39_{-0.039}^{\ 0}$
$\phi34_{-0.039}^{\ 0}$
$\phi30_{-0.039}^{\ 0}$
25±0.1
10
42±0.2

工序质量检测内容

序号	检测项目	测量工具	自检频率
①	$\phi39$	千分尺	全部100%
②	$\phi34$	千分尺	
③	$\phi30$	千分尺	
④	25	游标卡尺	

工步号	工步内容	刀具型号	主轴转速/min	进给量mm/r
1	粗、精车端面	外圆车刀	560	0.1
2	粗车 $\phi39$外圆面	外圆车刀	560	0.25
3	粗车 $\phi34$外圆面	外圆车刀	560	0.25
4	粗车 $\phi30$外圆面	外圆车刀	560	0.25
5	精车 $\phi39$外圆面	外圆车刀	800	0.039
6	精车 $\phi34$外圆面	外圆车刀	800	0.039
7	精车 $\phi30$外圆面	外圆车刀	800	0.039
8	倒角	外圆车刀	800	

注意事项

1.调试机床安装工装夹具时一定要校正卡爪夹持部位和定位面。
2.去除毛坯件上影响定位的高点。
3.工装内严禁有铁屑，以防妨碍工件定位。
4. 去除所有尖角毛刺。

标记	处数	更改文件号	签名	年、月、日	编制(日期)	校对(日期)	审核(日期)	批准(日期)

卡片五(续)

青岛城阳职教中心	机械加工作业指导书	零件名称	综合工件一	零件材质	45钢
		夹具名称	通用硬爪	项目编号	

工艺流程：①车外圆→②车外锥→③掉头装夹，车外圆→④车外沟槽→⑤车外螺纹

工序号码	2	工序名称	车外锥	设备名称	普通车床	加工时间	10 min	件数/班			共5页	第2页

工序质量检测内容

序号	检测项目	测量工具	自检频率
①	锥体	角度尺	全部100%
②	锥长	游标卡尺	

工步号	工步内容	刀具型号	主轴转速/min	进给量mm/r
1	粗车外锥体	外圆车刀	560	0.1
2	精车外锥体	外圆车刀	800	0.08

注意事项

1. 调试机床安装工装夹具时一定要校正卡爪夹持部位和定位面。
2. 去除毛坯件上影响定位的高点。
3. 工装内严禁有铁屑，以防妨碍工件定位。
4. 去除所有尖角毛刺。

标记	处数	更改文件号	签名	年、月、日	编制(日期)	校对(日期)	审核(日期)	批准(日期)

卡片五(续)

青岛城阳职教中心	机械加工作业指导书	零件名称	综合工件一	零件材质	45钢	
		夹具名称	通用硬爪	项目编号		

工艺流程：①车外圆→②车外锥→③掉头装夹，车外圆→④车外沟槽→⑤车外螺纹

工序号码	3	工序名称	掉头车外圆	设备名称	普通车床	加工时间	20 min	件数/班		共5页	第3页

C1　C2　$\phi31_{-0.039}^{\ 0}$　$\phi27$　$Ra\,1.6$　7±0.05　21

工序质量检测内容

序号	检测项目	测量工具	自检频率
①	$\phi31$	千分尺	全部100%
②	$\phi27$	游标卡尺	
③	7	千分尺	
④	86	游标卡尺	

工步号	工步内容	刀具型号	主轴转速/min	进给量mm/r
1	粗、精车端面控制总长	外圆车刀	560	0.1
2	粗车 $\phi31$外圆面	外圆车刀	560	0.25
3	粗车 $\phi27$外圆面	外圆车刀	560	0.25
4	精车 $\phi31$外圆面	外圆车刀	800	0.039
5	精车 $\phi27$外圆面	外圆车刀	800	0.039
6	倒角	外圆车刀	800	

注意事项

1.调试机床安装工装夹具时一定要校正卡爪夹持部位和定位面。
2.去除毛坯件上影响定位的高点。
3.工装内严禁有铁屑，以防妨碍工件定位。
4. 去除所有尖角毛刺。

标记	处数	更改文件号	签名	年、月、日	编制(日期)	校对(日期)	审核(日期)	批准(日期)

卡片五(续)

青岛城阳职教中心	机械加工作业指导书	零件名称	综合工件一	零件材质	45钢
		夹具名称	通用硬爪	项目编号	

工艺流程：①车外圆→②车外锥→③掉头装夹，车外圆→④车外沟槽→⑤车外螺纹

工序号码	4	工序名称	车外沟槽	设备名称	普通车床	加工时间	5 min	件数/班			共5页	第4页

4±0.1
ϕ23±0.1
Ra 1.6

工序质量检测内容

序号	检测项目	测量工具	自检频率
①	ϕ23	游标卡尺	全部100%
②	4	游标卡尺	

工步号	工步内容	刀具型号	主轴转速/min	进给量mm/r
1	粗车外沟槽	切槽刀	220	0.1
2	精车外沟槽	切槽刀	56	0.1
3	倒角	外圆车刀	220	

注意事项

1.调试机床安装工装夹具时一定要校正卡爪夹持部位和定位面。
2.去除毛坯件上影响定位的高点。
3.工装内严禁有铁屑，以防妨碍工件定位。
4. 去除所有尖角毛刺。

标记	处数	更改文件号	签名	年、月、日	编制(日期)	校对(日期)	审核(日期)	批准(日期)

卡片五(续)

青岛城阳职教中心	机械加工作业指导书	零件名称	综合工件一	零件材质	45钢
		夹具名称	通用硬爪	项目编号	

工艺流程：①车外圆→②车外锥→③掉头装夹，车外圆→④车外沟槽→⑤车外螺纹

工序号码	5	工序名称	车外螺纹	设备名称	普通车床	加工时间	15 min	件数/班		共5页	第5页

M27×1.5-6g

Ra 1.6

工序质量检测内容

序号	检测项目	测量工具	自检频率
①	螺纹	环规	全部100%

工步号	工步内容	刀具型号	主轴转速/min	导程mm/r
1	粗车M27×1.5螺纹	螺纹刀	110	1.5
2	粗车M27×1.5螺纹	螺纹刀	110	1.5
3	粗车M27×1.5螺纹	螺纹刀	110	1.5
4	粗车M27×1.5螺纹	螺纹刀	110	1.5
5	粗车M27×1.5螺纹	螺纹刀	110	1.5
6	粗车M27×1.5螺纹	螺纹刀	56	1.5

注意事项

1.调试机床安装工装夹具时一定要校正卡爪夹持部位和定位面。
2.去除毛坯件上影响定位的高点。
3.工装内严禁有铁屑，以防妨碍工件定位。
4. 去除所有尖角毛刺。

标记	处数	更改文件号	签名	年、月、日	编制(日期)	校对(日期)	审核(日期)	批准(日期)

卡片六 综合轴二 车削工艺卡片

青岛城阳职教中心	机械加工作业指导书	零件名称	综合工件二	零件材质	45钢	
		夹具名称	通用硬爪	项目编号		

工艺流程：①车外圆→②车锥体→③掉头，车外圆→④车沟槽→⑤车螺纹

工序号码		工序名称	零件图纸	设备名称	普通车床	加工时间		件数/班			共1页	第1页

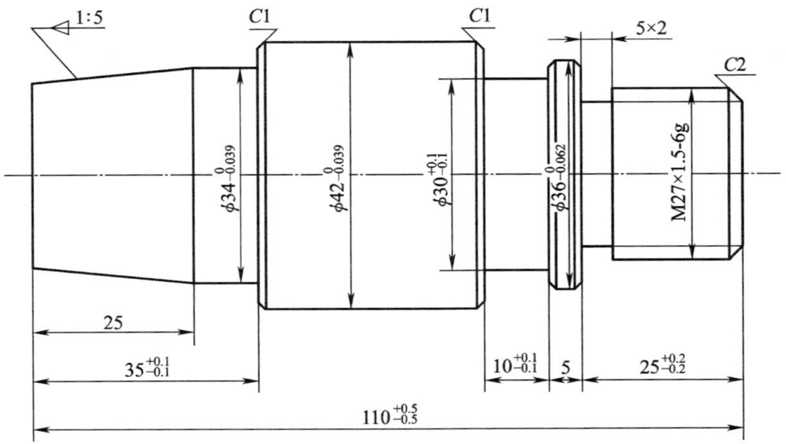

1:5　C1　C1　5×2　C2

$\phi34_{-0.039}^{0}$　$\phi42_{-0.039}^{0}$　$\phi30_{-0.1}^{+0.1}$　$\phi36_{-0.062}^{0}$　M27×1.5-6g

25　$35_{-0.1}^{+0.1}$　$10_{-0.1}^{+0.1}$　5　$25_{-0.2}^{+0.2}$　$110_{-0.5}^{+0.5}$

工序质量检测内容

序号	检测项目	测量工具	自检频率
①	外圆	千分尺	全部100%
②	锥度	角度尺	
③	沟槽	游标卡尺	
④	螺纹	环规	

序号	内容	刀具	精加工转速/min	进给量mm/r
1	阶台	外圆车刀	560	0.1
2	沟槽	切槽刀	56	0.039
3	锥体	外圆车刀	800	0.039
4	外螺纹	螺纹车刀	28	

注意事项

1.调试机床安装工装夹具时一定要校正卡爪夹持部位和定位面。
2.去除毛坯件上影响定位的高点。
3.工装内严禁有铁屑，以防妨碍工件定位。
4. 去除所有尖角毛刺。

标记	处数	更改文件号	签名	年、月、日	编制(日期)	校对(日期)	审核(日期)	批准(日期)

附录A

机械标准

本篇主要选取了部分常用螺纹(公制、英制)和圆锥的标准,便于学生查阅。

表 A-1　普通螺纹螺距标准 GB/T 1993—2003 普通螺纹螺距规格表　(单位:mm)

公称直径 D、d			螺距 P										
第1系列	第2系列	第3系列	粗牙	细牙									
				3	2	1.5	1.25	1	0.75	0.5	0.35	0.25	0.2
1			0.25										0.2
	1.1		0.25										0.2
1.2			0.25										0.2
	1.4		0.3										0.2
1.6			0.35										0.2
	1.8		0.35										0.2
2			0.4									0.25	
	2.2		0.45									0.25	
2.5			0.45								0.35		
3			0.5								0.35		
	3.5		0.6										
4			0.7							0.5			
	4.5		0.75							0.5			
5			0.8							0.5			
		5.5								0.5			
6			1						0.75				
	7		1						0.75				
8			1.25					1	0.75				
		9	1.25					1	0.75				
10			1.5				1.25	1	0.75				
		11	1.5			1.5		1	0.75				
12			1.75				1.25	1					
	14		2			1.5	1.25*	1					
		15				1.5		1					
16			2			1.5		1					

续表

公称直径 D、d			螺距 P										
第1系列	第2系列	第3系列	粗牙	细牙									
				3	2	1.5	1.25	1	0.75	0.5	0.35	0.25	0.2
		17				1.5	1						
	18		2.5		2	1.5	1						
20			2.5		2	1.5	1						
	22		2.5		2	1.5		1					
24			3		2	1.5		1					
		25			2	1.5		1					
		26				1.5							
	27		3		2	1.5		1					
		28			2	1.5		1					
30			3.5	(3)	2	1.5							
		32			2	1.5		1					
	33		3.5	(3)	2	1.5							
		35[b]				1.5							
36			4	3	2	1.5							
		38				1.5							
	39		4	3	2	1.5							

公称直径 D、d			螺距 P						
第1系列	第2系列	第3系列	粗牙	细牙					
				8	6	4	3	2	1.5
		40					3	2	1.5
42			4.5			4	3	2	1.5
	45		4.5			4	3	2	1.5
48			5			4	3	2	1.5
		50					3	2	1.5
	52		5			4	3	2	1.5
		55				4	3	2	1.5
56			5.5			4	3	2	1.5
		58				4	3	2	1.5
	60		5.5			4	3	2	1.5
		62				4	3	2	1.5
64			6			4	3	2	1.5
		65				4	3	2	1.5
	66		6		6	4	3	2	1.5
		70				4	3	2	1.5
72					6	4	3	2	1.5
		75				4	3	2	1.5
	75				6	4	3	2	1.5
		78						2	
80					6	4	3	2	1.5
		82						2	

续表

公称直径 D、d			螺距 P						
第1系列	第2系列	第3系列	粗牙	细牙					
				8	6	4	3	2	1.5
	85				6	4	3	2	
90					6	4	3	2	
	95				6	4	3	2	
100					6	4	3	2	
	105				6	4	3	2	
110					6	4	3	2	
	115				6	4	3	2	
	120				6	4	3	2	
125				8	6	4	3	2	
	130			8	6	4	3	2	
		135			6	4	3	2	
140				8	6	4	3	2	

表 A-2 英制螺纹标准对照表

英制普通螺纹（惠氏螺纹）—— 小螺纹系列（BA）								
名义尺寸 BA	牙型代号	大径 (mm) $d=D$	螺距 (mm) p	每英寸牙数 tpi	中径(mm) $d_2=D_2$	小径外螺纹 d_3	牙型高 H1	底孔直径 (mm)
No. 14	BA	1	0.23	110.4	0.86	0.72	0.14	0.75
No. 13	BA	1.2	0.25	101.6	1.05	0.9	0.15	0.95
No. 12	BA	1.3	0.28	90.71	1.13	0.96	0.17	1
No. 11	BA	1.5	0.31	81.93	1.315	1.13	0.185	1.2
No. 10	BA	1.7	0.35	72.57	1.49	1.28	0.21	1.35
No. 9	BA	1.9	0.39	65.12	1.665	1.43	0.235	1.5
No. 8	BA	2.2	0.43	59.07	1.94	1.68	0.26	1.8
No. 7	BA	2.5	0.48	52.92	2.21	1.92	0.29	2
No. 6	BA	2.8	0.53	47.92	2.48	2.16	0.32	2.3
No. 5	BA	3.2	0.59	43.05	2.845	2.49	0.355	2.6
No. 4	BA	3.6	0.66	38.48	3.205	2.81	0.395	2.95
No. 3	BA	4.1	0.73	34.79	3.66	3.22	0.44	3.4
No. 2	BA	4.7	0.81	31.35	4.215	3.73	0.485	3.9
No. 1	BA	5.3	0.9	28.22	4.76	4.22	0.54	4.4
No. 0	BA	6	1	25.4	5.4	4.8	0.6	5

表 A-3 常用锥度和标准圆锥表

名称		圆锥半角 α/2	tan(α/2)
莫氏锥度	0 号	1°29′27″	1:38. 424
	1 号	1°25′43″	1:40. 094
	2 号	1° 25′50′	1:40. 040
	3 号	1° 26′16′	1:39. 844
	4 号	1° 29′15′	1:38. 508
	5 号	1° 30′26″	1:38. 004
	6 号	1° 29′36′	1:38. 360
标准圆锥	30°	15°	1:3. 732
	45°	22°30′	1:2. 414
	60°	30°	1:1. 732
	75°	37° 30′	1:1. 303
	90°	45°	1:1. 000
	120°	60°	1:0. 577
标准圆锥	1:200	0° 8′36″	1:400
	1:100	0° 17′11″	1:200
	1:50	0° 34′23″	1:100
	1:30	0° 57′17″	1:60
	1:20	1° 25′26″	1:40
	1:16	1° 47′24″	1:32
	1:15	1° 54′33″	1:30
	1:12	2° 23′9″	1:24
	1:10	2° 51′45″	1:20
	1:8	3° 34′35″	1:16
	1:5	5° 42′38″	1:10
	1:4	7° 7′30″	1:8
	7:24	8° 17′50″	7:48

注:1:20 标准圆锥中,按大端直径(mm)规定 4、6、80、100、120、160、200 共 7 个号码的圆锥,又称为米制圆锥。

附录B 评分标准

附录B内容为基础技术篇的评分标准，其设计根据学生的实际掌握情况，结合中职学生的特点，为学生量身定做。在教学过程中做到有的放矢，让学生养成良好的工作习惯，从而更好地掌握相关知识。

表B-1　阶台轴质量检测表

学号:__________　日期:__________　班级:__________　姓名:__________

序号	检测项	考核内容	配分	考核标准	自测	得分	对比师测	最终得分
1	外观完整度	工件有无缺陷有无撞车	10	工件有缺陷或撞车不得分				
2	尺寸精度	$\phi30$	15	超差0.02扣1分				
3		$\phi30$	15	超差0.02扣1分				
4		15	10	超差0.05扣1分				
5		40	10	超差0.05扣1分				
6		倒角(2处)	10	超差不得分				
7								
8								
9								
10								
11								
12								
13	表面粗糙度	*Ra*1.6 μm(2处)	10	超差不得分				
14		*Ra*3.2 μm(2处)	10	超差不得分				
15								
项目质量检测分数(满分90分)			自测合计得分:		最终合计得分:			
检测过程规范化		1. 工具操作规范 2. 测量态度 3. 完成时间教师评分		教师评价分数(满分10分)				
合计得分								

填写要求：表格内数据严禁私自修改，确实需要修改需经老师同意，确保数据的严谨！

检测员:__________　记录员:__________　教师签字:__________

表 B-2　沟槽轴质量检测表

学号:____________　　日期:______________　　班级:____________　　姓名:____________

序号	检测项	考核内容	配分	考核标准	自测	得分	对比师测	最终得分
1	外观完整度	工件有无缺陷有无撞车	10	工件有缺陷或撞车不得分				
2	尺寸精度	$\phi35$	10	超差 0.02 扣 1 分				
3		35	10	超差 0.05 扣 1 分				
4		4 ×2	20					
5		$\phi27$ ×7	20					
6		倒角(5 处)	10	超差不得分				
7								
8								
9								
10								
11								
12								
13	表面粗糙度	*Ra*1. 6 μm(3 处)	6	超差不得分				
14		*Ra*3. 2 μm(1 处)	4	超差不得分				
15								

项目质量检测分数(满分 90 分)		自测合计得分:	最终合计得分:
检测过程规范化	1. 工具操作规范 2. 测量态度 3. 完成时间教师评分	教师评价分数(满分 10 分)	
合计得分			

填写要求:表格内数据严禁私自修改,确实需要修改需经老师同意,确保数据的严谨!

检测员:____________________　　记录员:______________　　教师签字:______________

表 B-3　锥体轴质量检测表

学号:__________　日期:__________　班级:__________　姓名:__________

<table>
<tr><th>序号</th><th>检测项</th><th>考核内容</th><th>配分</th><th>考核标准</th><th>自测</th><th>得分</th><th>对比师测</th><th>最终得分</th></tr>
<tr><td>1</td><td>外观完整度</td><td>工件有无缺陷有无撞车</td><td>10</td><td>工件有缺陷或撞车不得分</td><td></td><td></td><td></td><td></td></tr>
<tr><td>2</td><td rowspan="11">尺寸精度</td><td>$\phi38_{-0.039}^{\ 0}$</td><td>10</td><td>超差 0.02 扣 1 分</td><td></td><td></td><td></td><td></td></tr>
<tr><td>3</td><td>$\phi34$</td><td>5</td><td>超差 0.02 扣 1 分</td><td></td><td></td><td></td><td></td></tr>
<tr><td>4</td><td>30</td><td>5</td><td>超差 0.2 扣 2 分</td><td></td><td></td><td></td><td></td></tr>
<tr><td>5</td><td>35</td><td>10</td><td>超差 0.2 扣 2 分</td><td></td><td></td><td></td><td></td></tr>
<tr><td>6</td><td>60</td><td>10</td><td>超差 0.2 扣 2 分</td><td></td><td></td><td></td><td></td></tr>
<tr><td>7</td><td>1:5 锥度</td><td>10</td><td>超差 10′扣 5 分</td><td></td><td></td><td></td><td></td></tr>
<tr><td>8</td><td>倒角 2 处</td><td>4</td><td>超差不得分</td><td></td><td></td><td></td><td></td></tr>
<tr><td>9</td><td>锥面粗糙度</td><td>10</td><td></td><td></td><td></td><td></td><td></td></tr>
<tr><td>10</td><td></td><td></td><td></td><td></td><td></td><td></td><td></td></tr>
<tr><td>11</td><td></td><td></td><td></td><td></td><td></td><td></td><td></td></tr>
<tr><td>12</td><td></td><td></td><td></td><td></td><td></td><td></td><td></td></tr>
<tr><td>13</td><td rowspan="3">表面粗糙度</td><td>$Ra1.6\ \mu m$(2 处)</td><td>10</td><td>超差不得分</td><td></td><td></td><td></td><td></td></tr>
<tr><td>14</td><td>$Ra3.2\ \mu m$(2 处)</td><td>6</td><td>超差不得分</td><td></td><td></td><td></td><td></td></tr>
<tr><td>15</td><td></td><td></td><td></td><td></td><td></td><td></td><td></td></tr>
<tr><td colspan="3">项目质量检测分数(满分 90 分)</td><td colspan="3">自测合计得分:</td><td colspan="3">最终合计得分:</td></tr>
<tr><td colspan="2">检测过程规范化</td><td colspan="2">1. 工具操作规范
2. 测量态度
3. 完成时间教师评分</td><td colspan="2">教师评价分数(满分 10 分)</td><td colspan="3"></td></tr>
<tr><td colspan="2">合计得分</td><td colspan="7"></td></tr>
</table>

填写要求:表格内数据严禁私自修改,确实需要修改需经老师同意,确保数据的严谨!

检测员:__________　记录员:__________　教师签字:__________

表 B-4 综合工件一质量检测表

学号:__________ 日期:__________ 班级:__________ 姓名:__________

序号	检测项	考核内容	配分	考核标准	自测	得分	对比师测	最终得分
1	外观完整度	工件有无缺陷有无撞车	10	工件有缺陷或撞车不得分				
2	尺寸精度	$\phi30_{-0.033}^{0}$	6	超差0.02扣1分				
3		$\phi39_{-0.039}^{0}$	7	超差0.02扣1分				
4		$\phi34_{-0.039}^{0}$	7	超差0.02扣1分				
5		$\phi31_{-0.039}^{0}$	5	超差0.02扣1分				
6		42 ±0.2	5	超差0.1扣1分				
7		6 ±0.05	6	超差0.05扣1分				
8		79 ±0.5	4	超差0.1扣1分				
9		21	2	超差0.2扣1分				
10		$\phi23\pm0.1$	5	超差0.1扣1分				
11		5	5	超差0.1扣1分				
12		20	2	视情况扣0~2分				
13		锥度	3	超差10′扣1分				
14		表面粗糙度	4	视情况扣0~4分				
15		牙型	1	超差不得分				
16		螺距	1	超差不得分				
17		中径	4	视情况扣0~5分				
18		倒角(5处)	5	超差不得分				
19	粗糙度	*Ra*1.6 μm(6处)	6	超差不得分				
20		*Ra*3.2 μm(2处)	2	超差不得分				
项目质量检测分数(满分90分)			自测合计得分:					
检测过程规范化		1. 工具操作规范 2. 测量态度 3. 完成时间教师评分		教师评价分数(满分10分)				
合计得分								

填写要求:表格内数据严禁私自修改,确实需要修改需经老师同意,确保数据的严谨!

检测员:__________ 记录员:__________ 教师签字:__________

表 B-5 内孔质量检测表

学号:__________ 日期:__________ 班级:__________ 姓名:__________

序号	检测项	考核内容	配分	考核标准	自测	得分	对比师测	最终得分
1	外观完整度	工件有无缺陷有无撞车	10	工件有缺陷或撞车不得分				
2	尺寸精度	50	20	超差 0.02 扣 5 分				
3		28	40	超差 0.02 扣 5 分				
4		倒角(2 处)	10	超差不得分				
5								
6								
7								
8								
9								
10								
11								
12								
13	表面粗糙度	Ra1.6 μm(1 处)	10	超差不得分				
14		Ra3.2 μm(1 处)	10	超差不得分				
15								
项目质量检测分数(满分 90 分)			自测合计得分:			最终合计得分:		
检测过程规范化	1. 工具操作规范 2. 测量态度 3. 完成时间教师评分			教师评价分数(满分 10 分)				
合计得分								

填写要求:表格内数据严禁私自修改,确实需要修改需经老师同意,确保数据的严谨!

检测员:____________ 记录员:__________ 教师签字:__________

表 B-6 综合工件二质量检测表

学号：__________ 日期：__________ 班级：__________ 姓名：__________

序号	检测项	考核内容	配分	考核标准	自测	得分	对比师测	最终得分
1	外观完整度	工件有无缺陷有无撞车	10	工件有缺陷或撞车不得分				
2	尺寸精度	$\phi 34_{-0.039}^{\ 0}$	5	超差 0.01 扣 1 分				
3		$\phi 42_{-0.039}^{\ 0}$	5	超差 0.01 扣 1 分				
4		$\phi 36_{-0.039}^{\ 0}$	4	超差 0.01 扣 1 分				
5		5	2	视情况扣 1～2 分				
6		35 ±0.1	4	超差 0.1 扣 1 分				
7		25 ±0.2	3	超差 0.1 扣 1 分				
8		110 ±0.5	3	超差 0.1 扣 1 分				
9		$\phi 30 \pm 0.1$	4	超差 0.1 扣 1 分				
10		10 ±0.1	5	超差 0.1 扣 1 分				
11		5 ×2	4	视情况扣 1～4 分				
12		25	4	视情况扣 1～4 分				
13		锥度（5°42′±10′）	3	超差 20′扣 1 分				
14		表面粗糙度	3	视情况扣分				
15		螺距	2	超差不得分				
16		大径	3	超差不得分				
17		中径	5	视情况扣 1～5 分				
18		表面粗糙度	3	超差不得分				
19		*C*1 四处，*C*2 一处	4	视情况扣分				
20	表面粗糙度	*Ra*1.6 μm（3 处）	6	视情况扣分				
21		*Ra*3.2 μm（8 处）	8	视情况扣分				
项目质量检测分数（满分 90 分）				自测合计得分：				
检测过程规范化	1. 工具操作规范 2. 测量态度 3. 完成时间教师评分			教师评价分数（满分 10 分）				
合计得分								

填写要求：表格内数据严禁私自修改，确实需要修改需经老师同意，确保数据的严谨！

检测员：____________ 记录员：__________

表 B-7　哑铃综合评价表

序号	项目名称	配分	得分	备注
1	车工专业操作技能	70		
2	过程评价	30		
合计		100		

一、操作过程规范评分表

序号	项目	考核内容	配分	现场表现	得分
1	工具、量具、刀具和设备的使用	工具的正确使用	3		
2		量具的正确使用	4		
3		刀具的合理使用	3		
4		设备的正确操作和保养	5		
5	工艺的制订	切削加工工艺的制订	3		
6		装夹方式	2		
7	安全文明生产	实训纪律和积极性	10		
合计			30		

二、操作技能评分表

序号	项目	考核要点	配分	评分标准	检测结果	得分	备注
1	哑铃片一	ϕ78(1)	3	超差 0.01 扣 1 分			
2		ϕ78(2)	3	超差 0.01 扣 1 分			
3		槽宽(1)	2	超差 0.1 扣 1 分			
4		槽宽(2)	2	超差 0.1 扣 1 分			
5		槽深(1)	2	超差 0.1 扣 1 分			
6		槽深(2)	2	超差 0.1 扣 1 分			
7		15	2	超差 0.1 扣 1 分			
8		5	1	超差 0.1 扣 1 分			
9		倒角 8 处	4	超差不得分			
10		表面粗糙度	3	视情况扣 1 ~ 3 分			
11	哑铃片二	ϕ58(1)	3	超差 0.01 扣 1 分			
12		ϕ58(2)	3	超差 0.01 扣 1 分			
13		槽宽(1)	2	超差 0.1 扣 1 分			
14		槽宽(2)	2	超差 0.1 扣 1 分			
15		槽深(1)	2	超差 0.1 扣 1 分			
16		槽深(2)	2	超差 0.1 扣 1 分			
17		15	2	超差 0.1 扣 1 分			
18		5	1	超差 0.1 扣 1 分			
19		倒角 8 处	4	超差不得分			
20		表面粗糙度	3	视情况扣 1 ~ 3 分			

续表

序号	项目	考核要点	配分	评分标准	检测结果	得分	备注
21	哑铃轴	100 ±0.5	2	超差0.1扣1分			
22		ϕ19	3	超差0.01扣1分			
23		ϕ14	4	超差0.1扣1分			
24		20 ±0.3(1)	2	超差0.1扣1分			
25		20 ±0.3(2)	2	超差0.1扣1分			
26		螺纹	5	视情况扣分			
27		表面粗糙度	4	视情况扣1~4分			
总　　分							

参 考 文 献

[1] 将增福.车工工艺与技能训练[M].3版.北京:高等教育出版社,2014.
[2] 彭德清.车工工艺与技能训练[M].北京:中国劳动社会保障出版社,2001.
[3] 朱求胜.车工项目式应用教程[M].北京:清华大学出版社,2009.